エンジニア入門シリーズ

ゼロからはじめるSLAM入門
—Pythonを使いロボット実機で実践！ROS活用まで—

［著］

和歌山大学

中嶋 秀朗

科学情報出版株式会社

まえがき

　本書は、SLAM（Simultaneous Localization and Mapping）とは何かを、実際に手を動かしながら理解するための本である。SLAM とは、「自己位置の推定と環境地図作成を同時に行う」技術の総称であり、移動するロボットが当たり前になった今日、欠かすことのできない技術である。

　SLAM 理論がよく整理された本*¹ は、すでに何冊か刊行されている。しかし、いざ実機を用いて実際に行おうとすると、なにやら壁にぶち当たることが多い。この本を手に取った読者のみなさんも、もしかするとそうかもしれない。車の構造を知っただけでは運転はできないように、理論を知っただけでは使えるようにはならない。私自身移動ロボットの研究者であるが、最先端の SLAM に関する論文の発表をしているかというと、そうではない。SLAM 技術をあくまでツールとして、移動ロボットの研究に組み込んで使っているという立ち位置にある。そのため、おそらく本書を手に取っている読者と同様に、「この理論でいけばこうなるはずなのに、ならない」「間違っていないはずなのに、うまくいかない」といった経験をしてきた。そのような失敗を重ねてきたぶんだけ、SLAM の正体を知るための「勘どころ」については、心得ているはずだ。

　本書は、「SLAM 理論の概要を知り、実機を用いてその理論を実践できる」ことを意識した。「SLAM を使うための最初の一歩」を共に歩むことを意識しているといえばいいかもしれない。つまり読者層としては、初めて SLAM を学ぶ学部 4 年生や、これから移動ロボットの開発にかかわる技術者を想定している。そのような読者が、自分自身で購入できる範囲の機体を用いながら、SLAM 技術を扱えるようになることを狙って執筆した。そのため、2021 ～ 22 年の段階で使用者数が多いと思われる ROS を活用して機体を動かし、必要なデータの取得を行うこととした。また、プログラム言語としては、初めてでも比較的扱いやすく、利用者数も多い Python 3 を用いた。

　本書における使用機器としては、現在（2021 ～ 22 年）の入手性を考えて、移動ロボット本体 Raspberry Pi Mouse（㈱アールティ）＋レーザレンジセンサ URG-04LX-UG01（北陽電機㈱）の組み合わせと、Turtlebot3 Burger（搭載レーザレンジセンサ LDS01）の 2 種とした。本書を読めば、2 種類の移動ロボットについて、必要なデータを取得した後、SLAM を行って地図構築をすることができるようになる。本書では、2 種のロボットとセンサの仕様に基づく特徴を比較し、必要なパラメータ調整の考え方も説明する。

　SLAM は、基礎となるアイディアは単純であるが、純粋にそのまま実装すると、残念ながらうまく地図を作成できないことが多い。その理由は、「処理するデータの値には誤差が含まれている」からである。逆に言えば、もし処理するデータが本当に正確であれば、ベースとなる単純なアルゴリズムのままでうまくいくのである。これは重要なことである一方で、忘れがちな事実である。

　そのため「誤差を含んだぶれのあるデータを、どうやって扱うか」という所が、工夫のしどころとなる。そして「その工夫は確率論に基づく」というのが全体像となる。この考え方を自分なりに把握できれば、SLAM の基礎の第一歩をクリアしたことになる。そして自分なりに把握したという実感が得られる一番の方法は、実機を用いて自分で一通り体験することだろう。本書の意義はそこにある。

　なお、SLAM の分野では、相当な種類の手法が今も提案され続けている。その理由は、先に話した通り SLAM が「誤差を含んだデータ」を扱うためである。もし、この技術が常に確定した情報を扱うことができれば、SLAM 技術はその高速化などの方向に進化するはずだ。そうならないのは、SLAM がぶれた情報から、それらしく情報を推定しているためである。言い換えれば、真値を求められず推定しているからこそ、いろいろな推定方法が生まれてくるのだ。現在の SLAM 技術において、様々な種類の手法や研究があるのは、そのためである。

　そういった意味で本書では、「いろいろ存在する推定方法のうちから、理解しやすい一つの手法を選んで使っている」ということも、理解しておいてほしい。本書の手法により SLAM の基礎を知った後は、「よりよい推定ができる他の手法は何か？」「各手法の長所短所は何か？」あるいは「どのような周囲環境にどの手法が適しているのか？」など、最先端の SLAM 技術まで手を広げて知識を深めていって欲しい。

　本書の目的は、実機を用いて自分で SLAM 技術を再現できる環境や勘どころを養うことであるから、SLAM 理論に関しては、基礎を把握するのに必要な程度に絞っている。自分で実際に SLAM を使うことができるようになると、おのずと理論の深い理解につながるし、もしかすると高度な理論への興味が出てくるかもしれない。そうなったら、ぜひ脚注にあげた良書を読んでもらいたい。今まで以上にうなずきながら読み進めることができるだろう。

　本書で実際に手を動かしながら、SLAM とは何かを理解してもらえれば、この本の目的は達成されたことになる。みなさんが手掛けるロボットが、迷うことなく地図をつくりあげ、その道を進んでいくことを願ってやまない。

---

*1 『SLAM 入門』（友納正裕著、オーム社）[1] は、よくまとめられた良書である。また、実機で SLAM を動かす第一歩において必要な情報を再整理している『詳解 確率ロボティクス』（上田隆一著、講談社）[2] もあわせて読みたい。

本書の使いかた

　本書で説明をしているプログラムは、科学情報出版株式会社のホームページからダウンロードできます。各章の冒頭に掲載している URL からダウンロードしてください。

目　　　次

第7章　SLAMを試す

第8章　ループ検出とポーズ調整

第9章　実機でのSLAM実現に向けて

第10章　実機でのデータの取得（ROSの活用）

第11章　実機データに応じたパラメータ調整

＊本書の内容の利用により生じた結果に関して、著者は一切の責任を負いませんのでご了承ください。

第 1 章

移動ロボットの活躍の現状

ロボット技術は日本が世界をリードする技術の一つである。日本は世界一の産業用ロボット生産国（2018年）であり、世界での産業用ロボットの販売台数のシェアは6割弱を占めている。産業用ロボットの導入先としては自動車産業が最大で、次いで、電機・エレクトロニクス産業となる。ただし、近年産業用ロボットの導入に関する中国の伸び率は他国を圧倒しており（図1-1）、中国製の産業用ロボットの生産台数の伸びが著しいことは、知っておくといいだろう。

　近年日本企業は、産業用ロボット以外にも、力を入れ始めている。それが、サービス分野でのロボット開発である。これらサービス用ロボットの開発は非常に活発で、工場や倉庫内での「搬送ロボット」、ホテルでの「小物デリバリーロボット」、「施設巡回警備ロボット」、「受付ロボット」などの分野で、ベンチャー企業が新たなビジネスを創り出そうとしている（図1-2）。いずれこれらのサービスロボットが、日本経済の一端を担うことになるだろう。このようなサービスロボットは、場所を移動してサービスを提供する。そのための核となる技術群の一つに、「移動技術」がある。

　単に「移動技術」といっても、そのために必要な要素はいくつもある。例えば、移動するための「機構」、移動するための「機体の動かし方」、「周囲環境の把握」、「自己位置の把握」、「移動経路の計画と追従」などである（図1-3）。

　「移動経路の計画と追従」について考えてみよう。例えば工場内で働く搬送ロボット。その工場で働くロボットの環境が平面ならば、通常の車輪をベースにした機体を使い、床面に貼られた磁気テープを検知しながら移動することができる。これはすでに実用化されている。平面で物の配置が変わらない場所での移動は、可能になっているということだ。

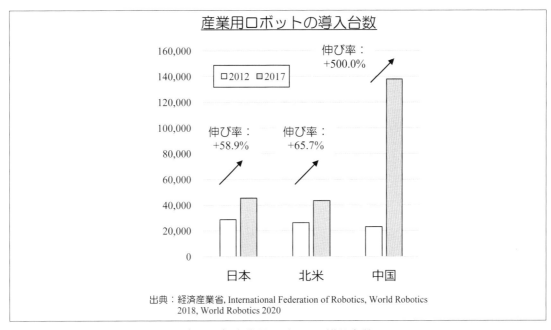

〔図1-1〕産業用ロボットの導入台数

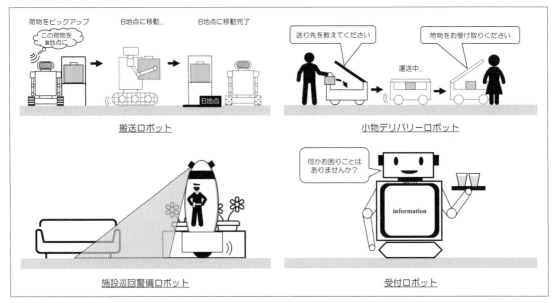

〔図 1-2〕サービス分野でのロボット開発

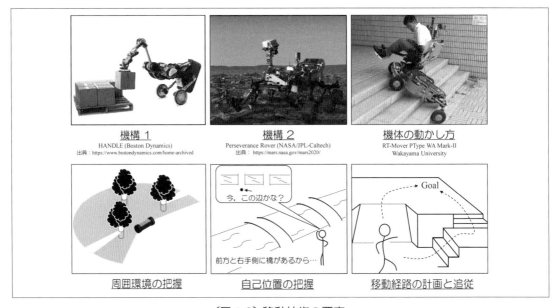

〔図 1-3〕移動技術の要素

　現在実用化に向けて研究が進められているのは、屋外、あるいは家庭環境など、周囲に配置された物の状況が頻繁に変わる環境での移動である。例えば、みなさんの部屋ひとつとってみても、ロボットにとって複雑な環境となる。昨日なかったはずのパーカーが、部屋の真ん中に

脱ぎ捨てられているだけで、A という環境が A′ に変わってしまうからだ。このような環境の変化に楽々と対応できるようになれば、移動ロボット活躍フィールドはさらに大きく広がっていくだろう。

　本書では、移動技術のうち「自己位置の把握」、「周囲環境の把握」に関連する「SLAM 技術」の基礎について解説する。つまり、「自分（ロボット）がどこにいて、周りに何があるか」を把握する技術である。我々人間は、たいていの場合無意識のうちにこれを行なっている。知らない場所に行く時には、ナビや地図を見ながら、上から眺めるように「その地図の中のどのあたりに自分がいるか」を頭の中で思い描いている。これが苦手だと、道に迷ってしまう。ロボットも同じで、SLAM 技術がなければ、動けない、目的地に着けない、同じ場所を行ったり来たりしてしまう、ということになる。サービスロボット活用の幅を広げるためには、この SLAM 技術は避けては通れない。

　また、本書では実際に SLAM を自分で手軽に確かめられるように、使用者の多い Python を用いて SLAM ソフトウェアを作成した。

　本書で作成した SLAM ソフトウェアは、Python 3.5 で動作確認している。ソフトウェアの作成方針としては、本書の解説と対比しやすいようなコーディングを意識した。そのため、処理速度の面では最適な状態ではないことには注意していただきたい。本書で SLAM の基礎を把握すると、おそらくもっと早い処理速度が欲しくなるだろう。その場合には、データ構造の見直しや、高速処理を意識した Python ライブラリの活用、あるいは C や C++ 言語の活用などを適宜行ってほしい。

　現在は、家庭での掃除ロボットの使用も一般的になり、自動車の自動運転の開発も活発に進められている。パーソナルモビリティという一人乗り用の移動体の社会実装なども行われており、それらの多くが SLAM 技術を活用している。ぜひ SLAM 技術の基礎を理解し、より高度で最先端の SLAM 技術への橋渡しとして本書を活用してほしい。

第2章

SLAM技術の必要性と
研究開発の流れ

サービスロボットの特徴は、自分で場所を変えながら仕事をすることである。固定された場所で決められた仕事をこなす産業用ロボットとは、ここが大きく違う。仕事をする場所まで自律的に移動するためには、ロボットが周囲環境（地図）と自分がどこにいるのか（自己位置）をある程度把握し、また、目的地までの行き方（経路計画）を知っている必要がある。つまり、次の3つをロボットが把握している必要がある。

① 周囲の環境を知る（地図の把握）
② 自分がどこにいるかを知る（自己位置の把握）
③ 目的地までの行き方（経路の把握）

　この①と②に関わる技術が、SLAM である。
　SLAM は Simultaneous Localization and Mapping の頭文字をとったものであり、直訳すると「自己位置の推定と環境地図作成を同時に行うこと」となる。なおレーザ計測機器を用いて①の地図の把握（地図作成）を行ったり、あるいは、すでにある地図に対して②の自己位置の把握（自己位置推定）を行うなど、①、②は単独でも行われる。また③はナビゲーション技術であり、自動運転や自律移動をするために SLAM と共に使われるが、SLAM の一部というわけではない。図 2-1 は、図 2-1 (a) の建物の形状をレーザ計測機器で計測して図 2-1 (b) のように3次元の点群データとし、環境地図としたものである。

　SLAM 技術にあたる脳の働きは、私たちの頭の中にもある。買い物のときに、それは発揮さ

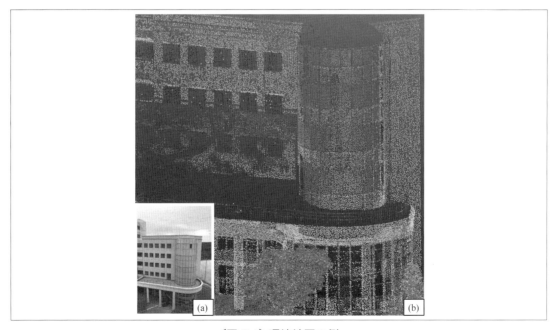

〔図 2-1〕環境地図の例

れる。例えば「バスケットボールとキャンプ用品を買いに、今まで行ったことのないスポーツ用品店に入った」状況を想像してもらいたい（図2-2）。慣れないフロアで、商品を探さなければならない。すぐに店員さんに声をかける人ならば、最短の時間で商品の場所にたどり着くことができるが、私の場合は声をかける方が面倒だと思ってしまうため、自分で探すことになる。そのため、しばしば時間を浪費する。

　まずは、目的の商品（ここではバスケットボールを探したのち、キャンプ用品を探すことにする）の売り場がどこにあるか探さなければならない。親切なお店であれば、フロアの目立つ場所に、売り場情報の地図が張ってあるだろう。そして地図が掲示されている場所は「現在地」と表示されている。そのような売り場情報が示された地図があれば、自分が地図中のどこにいるのかを簡単に把握（自己位置推定）することができる。そして、バスケットボール売り場への経路を、迷わずに決めることができるだろう。バスケットボールを手にしたら、先ほど掲示されていた地図を思い出し、次はキャンプ用品売り場へ向かう。

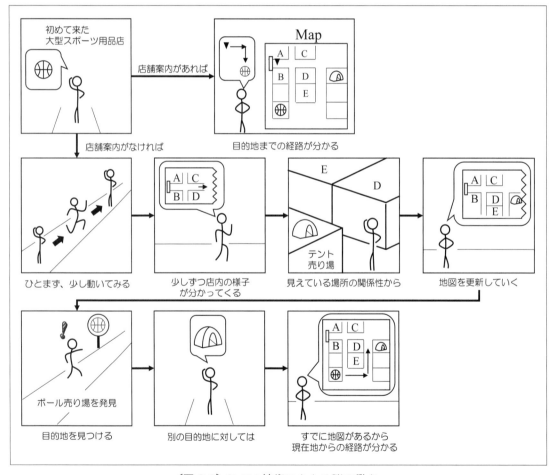

〔図2-2〕SLAM技術にあたる脳の働き

もし地図がなければ、とりあえず周りを見回し、歩きながら周囲環境を覚えつつ（地図作成）、自分なりに場所とのつながりを把握していく（自己位置推定）しかない。店内の配置の関係性を随時更新しながら（地図更新）、バスケットボールを探すだろう。バスケットボールを見つけたら、頭の中で地図作成を続けつつキャンプ用品売り場を探すことになる。もしかすると、バスケットボール売り場を探す過程で、キャンプ用品売り場の情報がすでにあなたの頭には入っているかもしれない（「確かキャンプ用品売り場の前を通ったな」など）。そうであるなら、その頭の中にできた地図を参照して、キャンプ用品売り場へと向かうことになる。

　地図がすでにあれば、その地図と照らし合わせて自己位置を推定しつつ、目的の場所まで移動することになる。もし地図がなければ、地図を自分で頭の中に作成しながら、自己位置を推定し、目的の場所まで移動する。SLAM を使うのは、この「地図がない場合」となる。ロボット自ら必要な地図を作りながら、その地図の中で自分がどこにいるのかを把握し、さらにその地図を更新し続ける。それが SLAM なのだ。

第3章

SLAM技術の考え方

SLAMは「自己位置の推定と環境地図作成を同時に行うこと」で、基本となる考え方は、次のようなものだ（図3-1）。

・ロボットが自分の周囲環境の情報を何かしらのセンサで得る（図3-1(a)①）。
・ロボットが現在いる場所を中心にして、センサで得た情報を地図に書き加える（図3-1(b)）。
・その後、ロボットが移動する（図3-1(a)①→②）。
・①から②へ移動した分だけ地図上の自分の位置をずらす。
・移動後にロボットがセンサで得た新しい情報を、移動後の場所を中心にして地図に書き加える（図3-1(c)）。

　この処理を続けていくと、スタート地点から移動後の位置付近へと地図の範囲が次第に大きくなる。
　これがSLAM技術の考え方の基本である。「当たり前じゃない？」と感じたと思う。その通り、当たり前の考え方である。
　では、なぜSLAMという何やら難しそうな名前がついているのだろうか？　あるいは、多くのロボット開発者がキーワードと認識しているのだろうか？
　その理由は「そう簡単に思った通りの地図ができない」からである。
　試しに上記の基本の考え方をただプログラミングしたとしよう。出来上がる地図は、本当はまっすぐな壁が曲がっていたり、何もないところに壁があったりと、残念ながらぐちゃぐちゃ

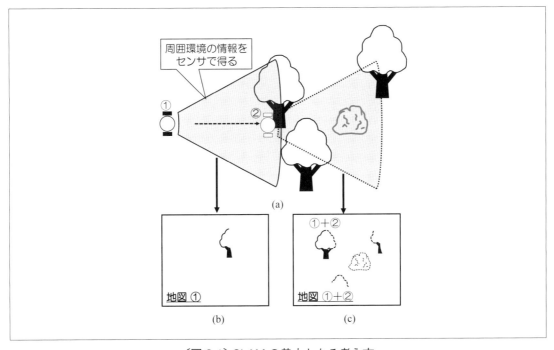

〔図3-1〕SLAM の基本となる考え方

なことが多い。

　どうして不正確な地図になるのか？　それは、使っている情報が正確ではないからだ。つまり、誤差を含んだ情報を使っているからである。SLAM は、「以前の地図に新しい情報を付け加える」という方式であるため、誤差があるとその誤差の影響がリセットされずに積みあがってしまうのだ。つまり逆の言い方をすれば、地図作成のために使う情報が全て正確であれば、当たり前の考え方の骨組みだけでも思った通りの地図が出来上がるはずなのである。それがなかなかうまくいかない。

　SLAM 関連技術の研究開発がはじまったのは、1980 年代の中ごろである。現在の SLAM 技術の流れをくむ各種要素技術の原型は、この頃にすでに提案された。それから現在にかけて、センサ技術の発展、コンピュータの処理速度の向上を主な理由として、SLAM 技術は実用化に至った。周囲の環境を計測するために使用されるセンサは、初めは処理量の少ない超音波センサ、その後レーザスキャナ、そしてカメラという流れとなっている。これもコンピュータが処理できるデータ量が、格段に増えたためだ。

　SLAM は、すでに 40 年近い歴史ある技術だが、現在においても新たな方法が活発に研究開発されている。これは SLAM が「推定する技術」であるためだ。現在の技術を使っても、「正確に距離を測る」というのは、なかなか難しい。

　計測方法の一例であるオドメトリ（odometry）を考えてみよう。ロボットの車輪を利用する方法だ。車輪の円周を計測しておけば、車輪が 1 周すると、どれくらい進んだかがわかる。そのため、車輪の回転数を積算すれば、自分の位置が推定できる。しかし、実際に正確な数値を測るのは難しい。直径を測っても、誤差が生じる。円周の誤差が 0.1mm しかなかったとしても、100 万回回転したあとでは、100m ものズレが生じる。100m ズレた地図など使い物にならない。また、スリップがあれば、それだけ無駄に距離が積み重なる。それを積み上げていくと、やはりまた誤差が生じる。

　レーザレンジセンサ（後述）で距離を測っても、誤差は生じる。例えば 1 m ある距離が99.5cm と検出され、間違った地図が作られたなら、ロボットはその「間違えた地図」をもとにして、次の情報を付け加えることになる。すると、延々とズレた地図に上書きを重ねるという悲劇が起きる。そのため、測定データに誤差が出るのを前提として、SLAM はつくられている。データをそのまま使うのではなく、統計的な処理を用い、延々とズレたデータを使い続けることがないようにするのだ。

　誕生から 40 年近くたっても、次々と新しい SLAM 技術のニュースが飛び込んでくるのは、この「推理」つまり、情報の推論方法に関して新しい方法が生み出されているからだ。本書では、その中でもベーシックな処理の方法を使っているが、興味がある方は、ぜひ違った推論方法をつかう SLAM を試してみてもらいたい。

　ちなみに、「延々とずれたデータがリセットされずに積み上がる」という状況は、今でもよくある。実際にこれが、いちばんのうまくいかない理由かもしれない。このズレが積み上がらないように、どう処理していくかというのが、SLAM をうまく使えるかどうかの分かれ目となる。これは「ループ検出」「ループ調整」という「いったん地図を見直す」という方法で解決できる。こちらに関しては 7、8 章でじっくりと説明しよう。

第 4 章

SLAMの勘どころ

SLAMのポイントは、言い過ぎを許してもらえるならば、「誤差を含んだデータの積み上げ方」に尽きる。現在の地図の形状と自己位置が、九割がた正しいとしても、その情報を元にして更新される地図は、真のものとずれてしまう。このずれを放置したまま、さらに推定と更新を繰り返していけば、誤差に誤差が積み重なり、ずれはどんどん大きくなる（図4-1）。

　使えないほど地図が不正確になる原因は様々だ。あるタイミングで、たまたまセンサ情報に比較的大きな誤差が発生することもあるし、車輪が滑って車輪回転数から算出した移動距離（オドメトリ）に大きめの誤差が生じることもある。原因がなんであれ、SLAM技術はその情報を基に地図を作成していく。そのため、作成した地図の形状や自己位置の推定は、必ずといっていいほどずれてしまう。そして、一度ずれが発生すると、それを修正するプログラムを組まなければ、そのずれの影響を延々と引きずってしまう。

　「SLAMの勘どころ」を一言で言えば、このように誤差の積み上げが発生しやすい構造にある情報に対して、どう処理するのかということである。そして、使えないほど不正確な地図になる前に積み上がってしまった誤差を修正し、「ある程度あっている状態」に抑え込み続けることがポイントとなる。

　これに対応するためには、誤差の存在を前提としたアルゴリズムが必要となる。正確な情報を前提とした「決め打ち」のアルゴリズムでは、誤差のあるデータを取得したときに対処できなくなってしまう。そのため私たちは、「ある範囲内にある、よさそうな値を探す」アルゴリズムを使わなければならない。そして、そのアルゴリズムがうまく機能するかどうかにおいて、案外重要な役割を担うのがアルゴリズム内のパラメータの値であることは覚えておいてほし

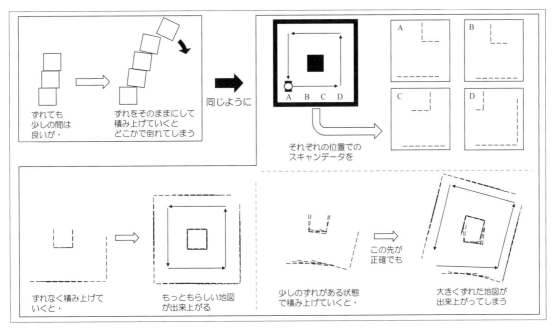

〔図4-1〕誤差の積み上がり

い。

　しかし、「よさそうな値」が「探している範囲内になかった場合」には、「ずれ」の許容範囲内に地図を更新することができず、その後、「ずれ」が「ずれ」を呼び、うまく地図が作成できなくなってしまう。そのため、積み上がった地図の「ずれ」を修正することも必要である。その一つの方法として、例えば、以前通った場所付近を再度通っていることが分かった場合には、以前作成した地図と今作成している地図を比較することで、積み上がった地図の「ずれ」を修正する。(「第8章 ループ検出とポーズ調整」を参照)

　以前通った場所を再度通るかどうかは場合によるので、できあがった地図の修正 (「第8章 ループ検出とポーズ調整」を参照) については除いて整理すると、以下の2つがSLAMの「勘どころ」(図4-2) ということになる。
1．本来の値からの「ずれ」が「ある範囲内にある」時に、よさそうな推定値を探せるアルゴリズムで成り立っていること
2．「ずれ」の範囲指定や、よさそうな値の探し方を決める方法やパラメータが、うまく設定されていること

　「勘どころ」の1と、2の「探し方の方法」の部分については、SLAMプログラムを作成する段階でアルゴリズムとして組み込んで対応する。2の「パラメータの設定」については、SLAMを行うロボットや周囲環境に応じて、うまく動作するように調整することになる。

〔図4-2〕SLAMの勘どころ

「ある程度の範囲や候補値からよさそうな値を探す」アルゴリズムは、1+1=2というような確定値の計算ではないため、いろいろなやり方がある。なぜなら「よさそうな値」というのは、どこに重きを置いて評価するかにより変わるものだからだ。そして、評価するポイントについても、例えば森林の中と街中では、周囲環境と自己位置の相対的な位置関係の認識の仕方が異なるため、環境に応じて変わる。

　たとえ同じ場所であったとしても、カフェテリアのような場所では環境は刻々と変わる。カフェテリアでの使用を前提としたロボットであれば、動く人と動かないテーブルを認識する必要があるだけでなく、人が座ったり立ったりすることによって椅子の位置も変動する。その一方で、森林の中では周囲環境はあまり変化がない。つまり、環境によって、地図として積み上げるデータの選択肢も変わり、よさそうな値を探すアルゴリズムには複数の候補があり得るのだ。

　SLAMにはいろいろな方式があり、いずれも長所短所がある。本書では、このようにいろいろ存在するSLAMアルゴリズムのうちから、基礎知識として重要と思われる「ICPアルゴリズムによるレーザセンサデータのスキャンマッチング」と「オドメトリ情報」を融合したやり方を取り上げる。そして、「勘どころ」の2の「パラメータ設定」については、SLAMで使う入力データの特徴によりどのような方針で調整するのがよいのか、実機でのいくつかの例を用いて紹介する。

　SLAMの方式が複数ある理由はすでに述べたが、研究開発のトレンドとしては、「2次元から3次元へ」といった次元の拡張や使用センサの多様化に伴う発展などがある。わかりやすい例としては、データが2次元から3次元に拡張されたことで、建物でいえば、ある階の平面地図だったものが、階段なども含んだ各階の空間地図へとすでに発展してきた。

　このように、SLAMのフィールドでは、今も含めて、盛んに研究開発が行われてきたが、まずは一つの方式をしっかりと把握することが近道だ。他の方式といっても基本的な考え方は似ている。一度車の運転を覚えてしまえば、車種が変わっても運転できるのと同じで、基本を学んでおけば知識を広げやすく、理解しやすくなる。基礎的なSLAMのアルゴリズムを学び、また、実際にSLAMを使い自分のものとしておけば、今後遭遇する様々なSLAM技術が攻略できるようになる。本書の狙いは、まさにそこにある。

第5章

スキャンマッチング

.

いよいよ SLAM を構成する個別の技術について、話を進めていこう。

まずはスキャンマッチングである。スキャンマッチングは、今自分がいる位置（自己位置）がどこなのかを探すために使う技術である。

5−1節　スキャンマッチングの考え方と種類

スキャンマッチングを一言でいうと「形合わせ」である（図5-1）。

読者のみなさんも子供のころパズルで遊んだことがあるだろう。パズルを組み上げていくとき、次の候補のピースをどうやって選んだだろうか？　対応する個所の形を見て、その形に合うピースを選んだ、あるいは絵がつながりそうなピースを選んだ、などいろいろなやり方があったはずだ。

このように形を認識してそれに合わせる作業は、SLAM で行うことと非常に似ている。スキャンしたデータを使って、マッチングする場所を見つけることが「スキャンマッチング」である。パズルをする際にも無意識のうちに何かしら、自分の中で注目する点を決めておき、その観点で見たときに一番合いそうなピースを候補として選んでいたはずだ。つまりパズルでも、スキャンマッチングをしていた、ということになる。目から入った情報（スキャンデータ）を使って、合うものを見つけていたのである。

現在の移動ロボットで一般的となったレーザレンジセンサを使った、SLAM におけるスキャンマッチングを考えよう。

レーザレンジセンサとは、レーザを一点だけではなく周囲に照射し、それぞれの方向におけるレーザの反射状況から周囲の距離測定をするセンサである。イメージとしては、光が回転する「パトライト」のように、回転しながらレーザを照射し、距離を測定する（図5-2(a)）。「レンジ」というのは範囲を意味する言葉であり、ある一点だけではなく、ある範囲で測定することを意味している。

その測定方法の原理には、主に2種類ある。時間と三角測量による方法である。

一つ目は時間計測方式（図5-3）である。レーザを照射してから跳ね返ってきたレーザを受け取るまでの時間を計測して、対象物までの距離を測る。もう一つは三角測量方式（図5-4）

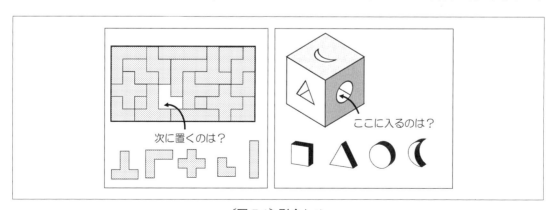

〔図5-1〕形合わせ

である。これは「対象物で反射したレーザ光」が受光レンズを介して受光素子に結像した位置を用いて、三角測量で対象物までの距離を測る。いずれの方法にせよ、センサからレーザを照射し、対象物にあたって跳ね返ってきたレーザを受け取って距離を測るものだ。

このレーザレンジセンサであるが、自動運転に関する技術開発の流れの中で、以前に比べると価格がぐっと落ちてきている。現状（2022年現在）、もちろんホビー用途ではあるが2万円前後で購入できるレーザレンジセンサ（LDS-01）もあり、その仕様はおおよそ表5-1である。また、10万円未満で購入できる屋内ロボット用のレーザレンジセンサ（北陽電機㈱ URG-04LX-UG01）、自動運転用で使われる Velodyne 社のセンサも有名である。ちなみに自動運転の業界では、LiDAR（Light(Laser Imaging) Detection and Ranging、ライダー）と呼ばれる方が多い。ただし名前は違えど原理上の明確な差異はおそらくないと考えられる。価格帯や性能帯が業界により違い、通称も違うという状況だろう。

2次元のレーザレンジセンサは、レーザ投受光部位を回転させながら周囲方向を計測している。3次元レーザレンジセンサの一タイプでは、レーザ投受光部位をさらに上下にも揺動させながら回転させて、空間を計測する（図5-2(b)）。ただしこの場合、図のような計測状況となり、

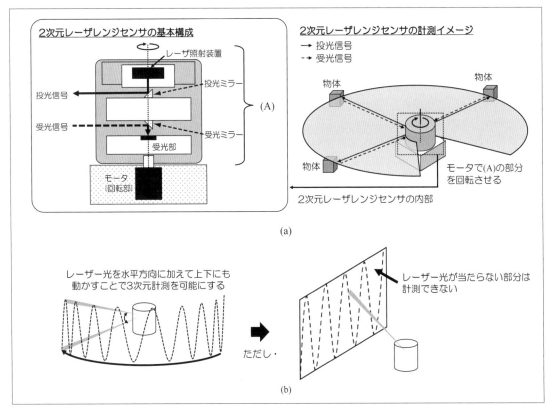

〔図5-2〕2次元・3次元レーザレンジセンサ

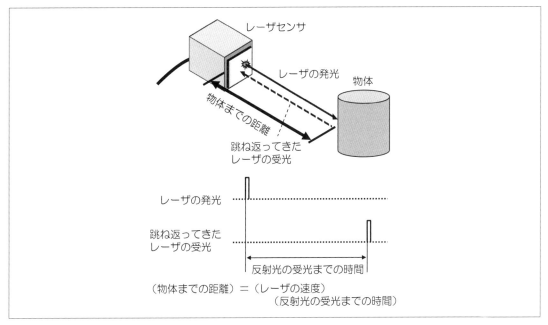

〔図 5-3〕時間計測方式

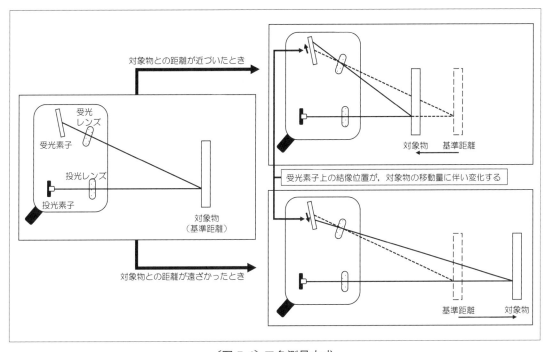

〔図 5-4〕三角測量方式

〔表5-1〕レーザレンジセンサの例

	2次元レーザレンジセンサ		3次元レーザレンジセンサ	
メーカ	ROBOTIS CO.,LTD	北陽電気株式会社	Velodyne Lidar, Inc.	
型番	360 Laser Distance Sensor LDS-01	UST-30LC	VLS-128-AP Alpha Prime	
レーザ波長	785 nm	905 nm	903 nm	
価格	2万円程度	40万円程度	数百万円程度	
スキャンレート	300 ± 10 rpm	25 ms （モータ回転数 2400 rpm）	5〜10 Hz	
計測範囲	120~3500 mm	0.05〜30 m （反射率90%白ケント紙）	最大 300 m	
	360 度	270 度	水平 360 度	垂直 40 度
分解能	1 度	0.125 度	水平 0.2 度	垂直 0.1 度

引用元
ROBOTIS CO.,LTD　　　https://e-shop.robotis.co.jp/product.php?id=11
北陽電気株式会社　　　https://www.hokuyo-aut.co.jp/search/single.php?serial=201#spec
Velodyne Lidar, Inc.　　https://velodynelidar.com/products/alpha-prime/

計測していない場所も多くなる。そこで例えば、複数の投受光部を上下に複数配置してそれを回転させれば、計測箇所が多い3次元計測ができる。これは高価格な3次元のレーザレンジセンサで採用されている構造の一つである。

　レーザレンジセンサの構造は複数あり、2次元から3次元、あるいは、荒い精度から詳細な計測へと性能が向上するにつれて、部品点数が増大したり、高価格化したりする。

　スキャンマッチングの考え方に話題を戻そう。まず比較する元の材料はというと、今ある「地図」である。ここで言う「地図」とは何かについて、具体的に2次元地図で説明しよう。
　ある平面座標系（地図座標系）において、壁やテーブルなどの「もの」があると、その場所（座標の x, y）に点をプロット（描く）する。まっすぐな壁がある場合には、その点が直線的、かつ、連続的に存在するため、複数の点が直線のようにつながる。それを人が見ると地図上に壁があるように見える（図5-5）。このように、(x, y) の場所に何かあれば、そこに点をプロットした平面図が「地図」である。3次元の場合は上記が空間的になっただけで、考え方は同じである（図5-6）。

　少し話がずれてしまうが、点群データを扱う他のセンサ例として RGBD カメラがある。D は Depth を意味し、RGBD カメラから得られる3次元的な画像（図5-7）は、3次元座標上にある物体の各点に色（RGB）を付けたもので、人が見ると立体的な絵として見える。Intel 社の RealSense カメラは RGBD カメラの一例であり、3次元の距離計測は赤外線を用いている。

　今一度、スキャンマッチングの考え方に話題を戻そう。
　スキャンマッチングでは、比較元となる地図のデータに対して、現在のレーザレンジセンサデータがあてはまる個所を見つけようとする。一般的には、地図のデータの方が表している範囲が広く、現在のセンサデータはそのうちの一部である。現在のデータの形が、地図のどの部分と合致（マッチング）するのかを数学的な処理を用いて探し、一番合致する場所を現在の場

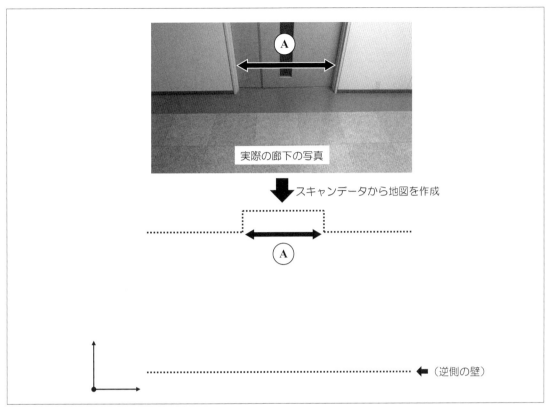

実際の廊下の写真

スキャンデータから地図を作成

A

（逆側の壁）

〔図5-5〕2次元の地図

所と推定する（図5-8）。

　マッチングの仕方（アルゴリズム）には、さまざまな方法がある。パズルをした時を再度思い出してほしい。多くの読者は、次のピースを当てはめる場所によって戦略を変えていたのではないだろうか？　例えば、当てはめる場所の形がかなり特徴的で、他にない特徴を持っている場合には、その「形」を鍵として候補ピースをさがしただろう。あるいは、絵の部分が特徴的でわかりやすければ、「絵のつながり」を鍵として候補ピースを絞っただろう。

　SLAMのスキャンマッチングにおいても、パズルでの戦略と同様に、複数の方法があり、そして、性能のよい方法も状況により変化しうることは覚えておいてほしい。本書ではICP（Iterative Closest Point）スキャンマッチング手法について記載するが、他に例えばNDT（Normal Distributions Transform）スキャンマッチング手法も頻繁に用いられている。

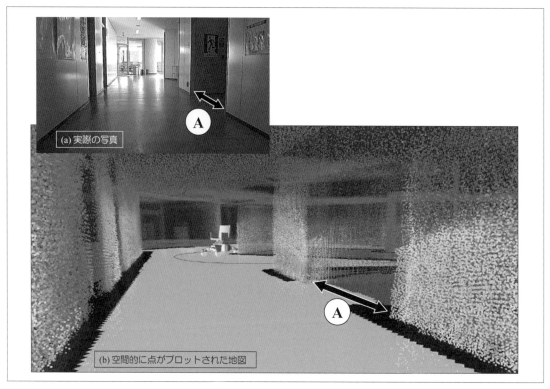

〔図 5-6〕3 次元の地図

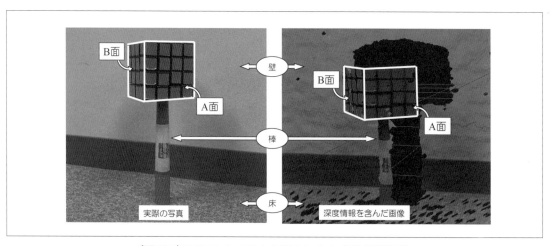

〔図 5-7〕RGBD カメラから得られる 3 次元距離画像

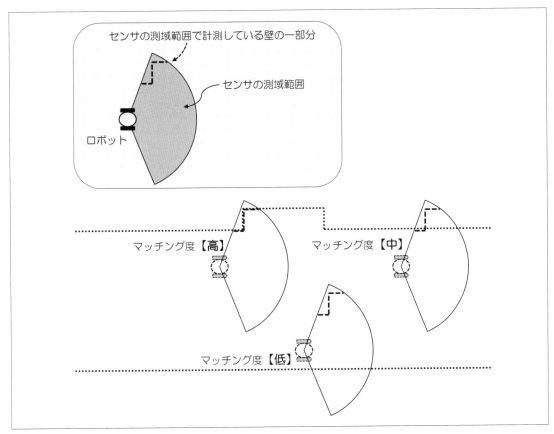

図5-8内のテキスト：
センサの測域範囲で計測している壁の一部分
センサの測域範囲
ロボット
マッチング度【高】
マッチング度【中】
マッチング度【低】

〔図5-8〕マッチングのようす

　ここでは、マッチングアルゴリズムも含めて「何かを選択する」ときの数学的処理に関する基本的な考え方を書いておこう。

①何かしら注目する観点（評価点）を見つける。
②その観点からみた一致度を点数化する（評価関数を決める）。
③その点数で比較して一致度が一番高いものを候補とする。

　①〜③が基本的な考え方であるが、何かを選ぶ際には、読者の皆さんも（無意識にかもしれないが）行っているプロセスである。例えば、スニーカーを選ぶ際には、人気、値段、履き心地など注目する観点があるだろう。その観点において自分の中で点数化し（こちらの方が人気がある、安いなど）、一番マッチするものが候補となる。マッチングアルゴリズムも、このような選択のプロセスに似ている。
　次の項では、スキャンマッチングアルゴリズムの代表的な一方法であるICPアルゴリズムについて説明する。

5−2節　ICP アルゴリズム

　ICP アルゴリズムとは Iterative Closest Point の頭文字をとったものであり、「繰り返し計算を行い、一番近い点を探すアルゴリズム」というのが文字通りの意味である。

　まずはアルゴリズムの概要を抜き出してみよう。

①「比較対象になるデータ」を準備する。
②「測定データ」を「比較対象になるデータ」と比較し、一番一致しそうな所を探す。一致しそうな所を探すときに使う評価値は、「測定データ」と「比較対象データの対応する部分」との「総合的な距離」とする。
③評価値が最小になるのが求める「所」となる。
＊一般的ではないが、本書で「所」と記載した場合、文脈によっては、「位置」と「方向」の両方の概念を持っていることとする

　上の説明で、ICP アルゴリズムがなんとなく分かってきたとは思うが、「総合的な距離」「所」などまだまだボヤッとしているかもしれない。

　そこで、「測定データ」として（2次元）レーザレンジセンサのスキャンデータを用いた2次元 SLAM を想定し、もう少し具体的にイメージを膨らませよう。

　「比較対象のデータ」とは、今まで取得したレーザレンジセンサのデータを積み上げて作成した地図データ（図 5-9）である。ここで図 5-9 は、図 5-10 の部屋において、床から高さ 165 mm 程度の壁の形状を SLAM によって作成途中の地図である。地図データの実際は、点の座標値であり、その座標値をプロットして視覚化したものが図 5-9 である。

　「測定データ」とは、レーザレンジセンサからその時々で得られるスキャンデータである。スキャンデータを視覚化した一例が図 5-11 であり、このグラフは、センサの中心を原点とした座標系にセンサデータ値をプロットしたものである。図 5-11 のセンサの仕様は、計測角度範囲が 240 deg、計測距離範囲が 0.06〜4.0 m であり、グレーで示したエリアにある障害物を計測できる。グレーエリア内にある点群は、レーザが反射して返ってきた部屋の壁などである。

　比較対象データの方が、一般的に、測定するスキャンデータよりもサイズは大きく、広い範囲の地図となる。そのため、「スキャンマッチングをする」ということは「大きな地図のどの部分に、測定データが当てはまるのか（図 5-8）」を推定することである。図 5-12 は図 5-8 を書き直したものであるが、センサの中心が P_1 にあり、図の①の方向を向いているとすれば、点と点がぴったり一致し、つまり「センサの中心は P_1 の場所にあり、①の方向を向いている」というように、センサが今ある「所」を推定できる。

　センサの中心が P_1 にあったとしても②の方向を向いていれば、「測定データ」は「比較対象データ」に一致しない（重ならない）。あるいは P_2 や P_3 の位置にセンサの中心があったとすれば、仮に方向が①の方向を向いていたとしても、測定データの比較対象データへの一致度は P_1 よりも低くなる。

　一致度の測り方として思い浮かぶものの一つに、点と点との距離を使った評価方法がある。つまり、「比較対象データ」と「測定データ」の「対応する点」同士の距離を求め、その合計値が最小になる所が候補である、と考えるやり方だ。実際、図 5-12 のような状況であれば、合

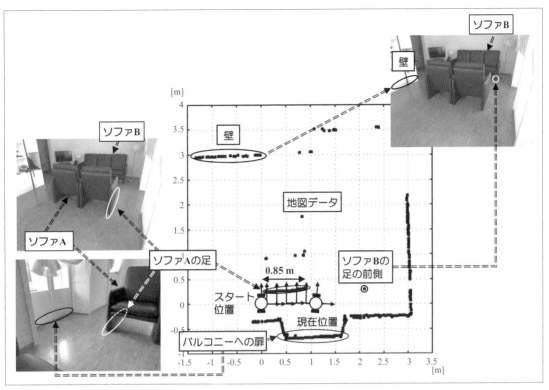

〔図 5-9〕レーザレンジセンサのデータから作成した地図データ

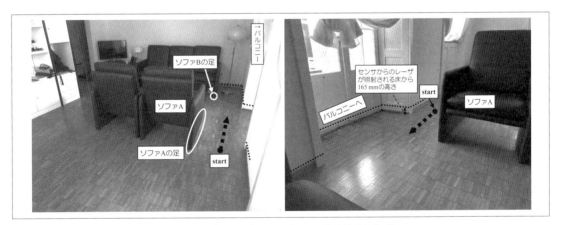

〔図 5-10〕この部屋で〔図 5-9〕地図を作成

致する個所（P_1 の場所で方向は①）において全ての対応点同士が重なる。結果として、合計距離は 0 となる。この時、ロボット（本書では簡単のためロボットの中心にセンサが設置され、センサの向きとロボットの向きの正面は一致していることとする。そのため「センサの位置」

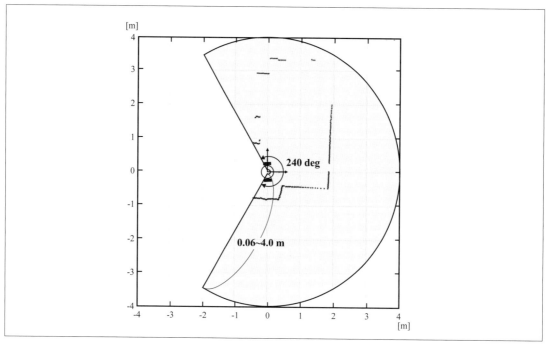

〔図5-11〕ある時のスキャンデータ例

＝「ロボットの位置」）は「P_1において、①の方向を向いている」と推定される。

　では、具体的な計算段階に移ろう。
　いざ具体的に計算を行おうとすると、次のA,Bという明確にしなければならない問題が出てくる。

A.「比較対象データ」のどの点と、「測定データ」のどの点の距離を計算して合計すればよいのか？

　点同士の距離を測るためには、

・「比較対象データ」の対応点
・「測定データ」の点a

の2つをそれぞれ明確にしなければならない。つまり、どの点とどの点の距離を計算すればいいのか、ということだ。いったい「比較対象データ」のどの点が、「測定データ」の点aの対応点になるのだろうか？

B.　点と点の距離を計算するためには、同じ座標系で比較をする必要があるが、地図座標系上で、ロボットはどこにいるのか？

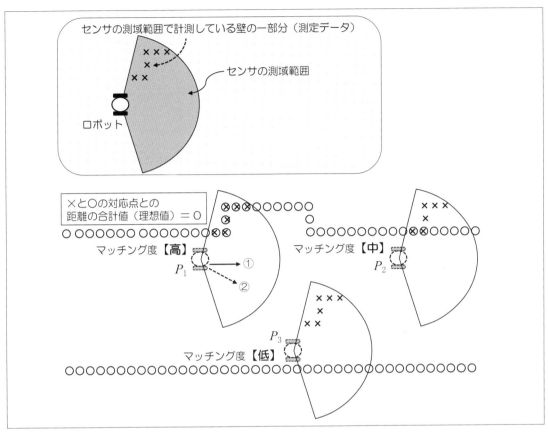

〔図 5-12〕比較対象データ（○）と測定データ（×）

　本書では、ロボットの中心にロボットと同じ向きでセンサが設置されていると仮定するため、「ロボット座標系」＝「センサ座標系」となる。この「ロボット座標系」での「測定データ」の点を、「比較対象データ」の座標系、つまり「地図座標系」に変換する必要がある。この地図座標系の上で、ロボットはいったいどこにいるのだろうか？

　A と B への正確な答えは、正直に言えば難しい。それは、現実のデータには誤差も含まれているからである。そのため、「仮決め」をしながら「よさそうな解を探す」ことになる。つまり、次のように処理を進め、候補解を求めるのである（図 5-13）。
1．まずロボットがどこにいるかの候補位置を適当に決める。
2．ロボットがその候補位置にいると仮定して、「測定データ」の各点の座標を地図座標系に変換する。
3．地図座標系での「測定データ」のそれぞれの点（図 5-13 の × の点）に関して、「比較対象データ（図 5-13 の●の点、（図 5-12 では○））」の中で一番近い点を選び、対応点とする。
4．「測定データ」の点と「比較対象データ」の対応点の距離を計算する。測定データのすべて

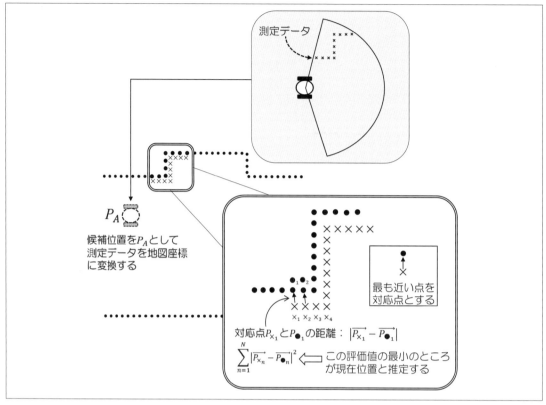

〔図5-13〕「測定データ」と「比較対象データ」との距離の求め方

の点に対して同様の計算をして、距離の2乗を足し合わせて評価値とする。

5．ロボットがどこにいるかの候補位置を少しずらしながら、4の評価値が最小になる位置を、現処理の「測定データ」と「比較対象データ」の対応する点の組におけるロボットの位置と仮決めする。

6．あたらしいロボットの仮位置において2～5を繰り返し行い、距離の二乗を足し合わせた評価値を比較する。評価値が最小の候補位置をロボットがいる位置と推定する。

　　ただ、実際にこの処理を行おうとすると、さらにいくつか問題点が出てくる。

①どうやって1の候補位置（はじめの候補位置）を決めるのか？
②候補位置のずらし方をどのように行い、また、どのように候補を絞るのか？
③点と点の距離が不均一になる事象について、どう対応するのか？

　　③に関していえば、例えば、レーザ照射部分が中心で回転する構造のレーザレンジセンサでは、図5-14のように、直線の障害物に対する測定点の間隔がセンサと測定物の距離によって

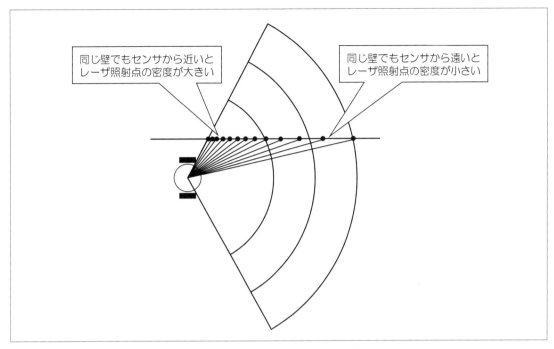

同じ壁でもセンサから近いと
レーザ照射点の密度が大きい

同じ壁でもセンサから遠いと
レーザ照射点の密度が小さい

〔図 5-14〕レーザ照射点の密度

変わる。つまり、同じ対象の測定データでも、ロボットの位置により得られる測定データの密度が異なってしまうという問題が生じる。データ密度に偏りがあっても、「対応点との距離の合計値が最小になる点を、『現在位置』と推定するアルゴリズム」は、うまく動作するのか？

　ここでは、それぞれの問題点について対応方針を検討していこう。

①どうやって仮候補地（はじめの候補地）を決めるのか？
　処理が進む、あるいは、時間が経つにつれて、比較対象データである地図は大きくなり、データサイズも大きくなる。測定点と対応点の距離の二乗の合計値を、地図上の全ての場所を候補として計算して比較するのは効率が悪い。つまり、ある程度の予測を立てて候補位置を決め、その点から候補位置をずらしながら現在位置を探る方が効率的であり、処理時間の短縮にもつながる。
　この場合の素直な方法の一つは、スキャンマッチングの処理ループの1周期前の場所から、その次の1周期でロボットが移動した分を足し合わせた場所を、「はじめの候補位置」とすることであろう（図5-15）。ここで「（スキャンマッチング処理ループの）1周期中にロボットが移動した分」は、例えば「ロボットへの移動指令値を積分して求めた値」、あるいは車輪型移動ロボットであれば「1周期中の車輪の回転角度から求めた値（オドメトリデータを使う）」などで求められる。
　もし図5-16のような計測輪をもった移動ロボットであれば、1周期中の計測輪の回転角度

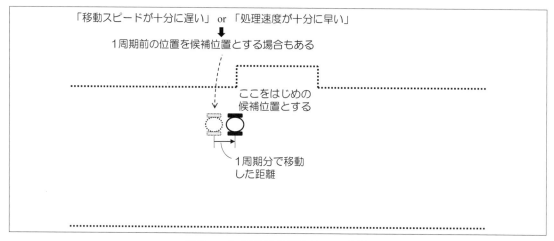

〔図 5-15〕仮候補位置を決める方法

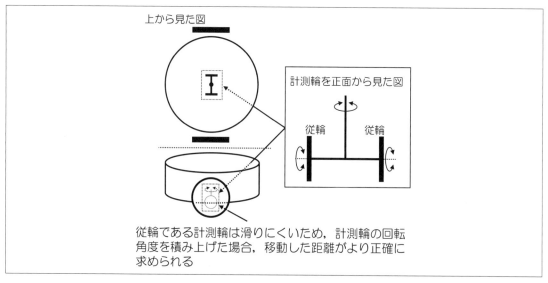

〔図 5-16〕計測輪のある移動ロボット

を積み上げることで、より正確な位置と姿勢の変化データを得ることができる。ここで「姿勢」とは、2次元の場合には「地図座標系に対するロボット座標系の回転角度」である。

　なお、オドメトリデータが使えない、あるいは、取得できないような状況があるかもしれない。移動スピードが十分に遅い、あるいは、処理周期が十分に早い場合であれば、1周期中の変化分が少ないため、1周期前の位置を「はじめの候補位置」として探索を始める場合もある。

②候補位置のずらし方をどのように行い、また、どのように候補を絞るのか？
　この部分は実は繰り返し処理が2重になっている。

内側の処理は、前述の処理の流れ（35、36 ページ）の 2〜5 を行うことである。このとき、2 と 3 で決めた対応点を前提とした 4 の計算を、5 で少しずつ位置をずらしながら繰り返し計算を行って最適解を見つけ、ロボット位置の候補とする。

　外側の処理は、内側の処理で計算した、新しいロボットの推定位置を前提として、再度 2 と 3 で測定データと比較対象データの対応点を更新し、その上で 4 の計算を、5 で位置をずらしながら繰り返し行い、ロボットの推定位置を更新することである。選び直した対応点を前提とした最適解を、ロボットの位置の次の候補とすることである。読者の中には、外側の処理を繰り返す必要性に疑問を持つ方もいるだろう。外側の処理を繰り返す意義は、内側の処理を行うとロボットの推定位置が変わり、その変わった位置を起点として地図座標に投影した「測定データ」の位置も変わるため、各測定データに一番近い「比較対象データ」の点も変わり、ロボットの推定位置を評価する評価関数の値が変わるからである。

　そして、外側の処理を一定回数（本書のプログラムでは 100 回）繰り返し、その中から最適な値を選び、ロボットの「最終的な候補位置」とするのである。

　内側の処理における絞り込みの方法については、非線形計画法の解法を応用する（次節参照）。非線形計画法の解法は、目的関数の勾配情報（微分）を使用する方法としない方法がある。勾配情報を使用する方法の代表的なものとしては最急降下法、共役勾配法、ニュートン法などがあり、勾配情報を使用しないものとしてはシンプレックス法などがある。

　このような絞り込みについては、絞り込みを行う開始点（つまり、はじめの候補位置）によってはうまくいかないこともある。また、比較対象の地図に、（真の候補位置ではない場所だが）局所的に周囲のどの位置よりもスキャンデータと似たような箇所があれば、そこを候補地として選択する可能性もある。つまり、一般的な表現をすると、局所最適解を選択してしまう場合もある。例えば図 5-17 の右側のグレーのエリア内に「はじめの候補位置」を設定して探索をした場合には、図の右側の位置で局所的な最適解となり、そこに収束してしまう場合があり、注意が必要である[1]。

③点と点の距離が不均一になる事象について、どう対応するのか？

　レーザレンジセンサからのレーザはセンサ中心から放射状に一定角度間隔で放射される。つまり、図 5-14 のように、近いところに壁があれば、あたっているレーザの点の間隔は小さく（照射点密度は高く）、遠いところにあれば照射点の間隔は大きくなる。このままのスキャンデータを用いると、ICP アルゴリズムで現在位置の候補をマッチングする際に、図 5-18(a) のような状況になるため、点の密度の多い個所の影響を受けやすくなる。このままではマッチングに偏りが出てしまう。そのため、対応策として、図 5-18(b) のように計測したスキャンデータの点間隔をまずは均一化した上で、その後の処理を行うのがよい。地図の更新においても、均一化後のデータを使うことで、更新後の地図にも均一化の効果が反映されることになる。

　均一化の考え方として、例えば、点間隔を L にしたい場合には、以下のような流れとなる（図

---

[1] 非線形計画法については、その専門書も多数発刊されているので、興味をもった読者はそちらを参考にしてほしい。本書は、あくまで「非線形計画法の一つの手法を使う」という立ち位置である。

5-19）。
1．隣り合っているスキャンデータ a_1 と b の距離を計算する。
2．計算した点間距離が L より小さければ、点 b は削除し、点 a_1 と、b の隣のスキャン点 c の距離を計算する。
3．a_1 との距離が L 以上になるまで点の削除を繰り返す。

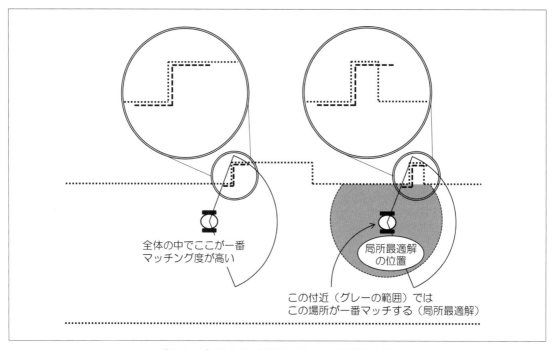

〔図 5-17〕真の候補位置ではない局所最適解

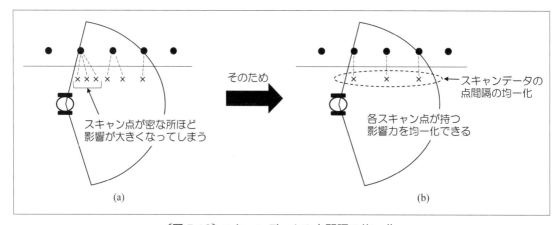

〔図 5-18〕スキャンデータの点間隔の均一化

4．点間距離が L 以上になったら、L の所に点 a_2 を挿入する（一定の距離間隔にデータ点配置）。

5．点 a_2 と、それ以降の点により、2～4 と同様な処理を 6 の状況になるまで繰り返す。

6．ある閾値 LL を決めておき、4 または 5 において点間距離が LL より大きいときは、それら 2 点は連続していないと判断し終了する。（その後は、新たに次の 2 点について 1 から実施する。）

　上記の対策に加えて、地図側でも次のような対策をとる。

　例えばロボットが停止している場合を考えてみよう。ロボットが動かなければ、ほぼ同じスキャンデータを取得し続けることになる。そのデータを地図データに更新し続けた場合、その場所だけデータ密度が高くなってしまう（図5-20）。そうなると密度の高い場所の影響を受け

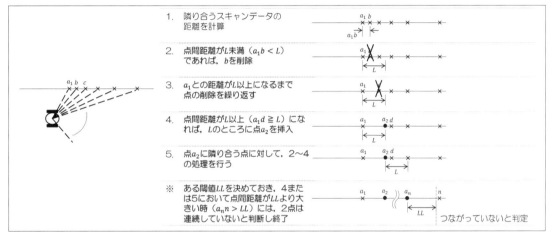

〔図 5-19〕点間隔を L にしたい場合の処理の流れ

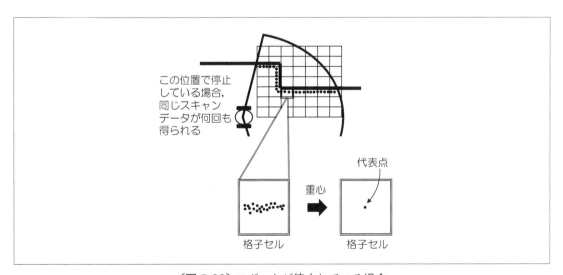

〔図 5-20〕ロボットが停止している場合

やすくなり、図 5-18 の「スキャンデータの点間隔密度が不均一である」場合と同様な問題が起こる。地図データに偏りが生まれてしまうのだ。

　この問題への対応としては、格子状に地図を区切り、各格子に対して（点がある場合には）格子を代表する点を作成し、点の密度が均一化するようにするとよい。この代表点の求め方には、例えば、「最新のスキャン点を代表点とする」場合や、「複数の点の重心を代表点とする」場合など、いくつかの手法があるが、本書では重心（平均）を代表点とする手法を用いる。

5−3節　最適解の解法

　前節で簡単に触れたが、ICP アルゴリズムにおいては、「解の値を仮に設定した後に、何かしらの方法で計算を繰り返すことで、解を真の値に近づけていき、真の値の近似値を求める」という繰り返し計算手法を使う。「距離の二乗の合計値」のように評価したい関数が非線形であるため、非線形関数の最適解（最小値など）を求めるための非線形計画法を活用できる。本書では、非線形計画法の代表的な手法の一つである最急降下法を使用する（コラム 1）。

　最急降下法のアイディアは、以下となる。

・目的としている関数のある点での勾配ベクトル（傾き）を求め、勾配の逆方向（つまり減少する方向）に引数の点をずらし、ずらした点を引数として関数値を求める。
・ずらした点において、上記を、勾配ベクトルが 0 に近くなるまで繰り返す。
・勾配ベクトルが 0 に近くなれば、求めた関数値を、最適解（最小値）の近似値とする。

◇コラム 1　最急降下法

　例えば、目的関数が

$$f(x_1, x_2) = \frac{1}{2}x_1^2 + 2x_2^2 \quad \cdots\cdots\cdots\cdots\cdots\cdots\cdots\cdots\cdots\cdots \quad （コラム 1.1）$$

のとき、目的関数の最小値を求めるとする。

　この時に次のような方法で解を探索するのが最急降下法である。
・目的としている関数のある点での勾配ベクトル（傾き）を求め、勾配の逆方向（つまり減少する方向）に引数の点をずらして、ずらした点を引数として関数値を求める。
・そのループを繰り返し行い、勾配ベクトルが 0 に一定程度近くなったところを、最適解（最小値）の近似値とする。

　なぜ、勾配方向に解を探索するかというと、点 x において関数 $f(x_1, x_2) = \frac{1}{2}x_1^2 + 2x_2^2$ が最も減少する方向は、勾配ベクトル $\nabla f(x_1, x_2) = (x_1, 4x_2)^T$ の逆方向となるからであり、そちらの方向に解を探索するのがよさそうだということは、感覚的にも理解できるだろう。

　この方法では目的関数は常に減少するため、最終的には最適解に収束するのだが、その点の勾配に注目して目的関数の全体的な変化を考慮するわけではないため、収束性が悪い場合もあることは理解しておきたい。

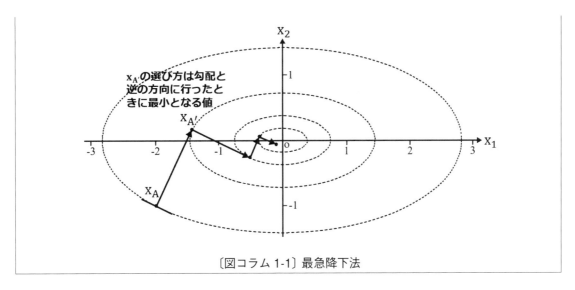

〔図コラム 1-1〕最急降下法

　ここで、「勾配の逆方向にどれだけずらした点を、次の引数の点とするか？」というステップ幅の決め方には、いくつかの手法がある。例えば、「一定のステップ幅にする」手法や、コラム 1 のように「勾配と逆方向に探索して目的関数が最小になる点を選ぶ」手法などである。しかし、本書では「ブレント法」を用いる（コラム 2）。「ブレント法」は、二分法の安定性を保ったまま収束性を改良した手法であり、Python においてもライブラリ関数がある。なお、ステップ幅が適切でなかった場合には、解が収束するのに時間がかかったり、あるいは最適解を飛び越えた状態で、その前後を行ったり来たりしてしまうような場合もあるので注意が必要となる。

◇コラム2　ブレント法

　関数 $f(x)$ の最小値を求める問題で、例えば下図のような場合、点 a, b, c の3点を通る放物線を求めて（逆2次補間）、その放物線の底の位置を点 d とする。次に点 c を捨て、点 a, d, b の3点を通る放物線を求め、底の位置を点 e とする。この処理を繰り返すことで最小値を求める。

　最小値に近い場所では、例えば黄金分割法より効率よく最小値を見つけられることが知られているが、最小値に近くない場所では、「放物線の底の位置」が最小値の予測として検討外れである場合もある。そのような場合には、3点の距離の比が黄金比となる3点を使う黄金分割法を使う。つまり、黄金分割法と逆放物線補間を切り替えながら最小値を求めるのがブレント法である。なお、ブレント法も大域的最適解を必ず求められるというわけではなく、局所的最適解に収束する。

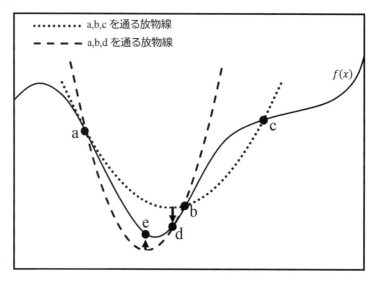

〔図コラム 2-1〕ブレント法

5－4節　スキャンマッチングと SLAM の関係

　ここで、SLAM の中でのスキャンマッチングの位置づけを整理しておこう。

　SLAM は、自己位置推定を行いながら、地図を作成していく技術であり、スキャンマッチングを用いて求めているのは、「ロボット自身がいる地点」である。つまりスキャンマッチングは、SLAM の処理において「自己位置推定」部分を担う技術である。

　地図は、「今取得した周囲環境のセンサデータを、地図上の現在位置を起点として付け加えて」作成する。そのため、自己位置推定の精度が悪いと、おかしな位置を起点として地図データを更新してしまい、SLAM がうまく機能しなくなる（図5-21）。

　ここまでの知識で、以下の状況におけるスキャンマッチングを読者の頭の中でやってみてほしい。

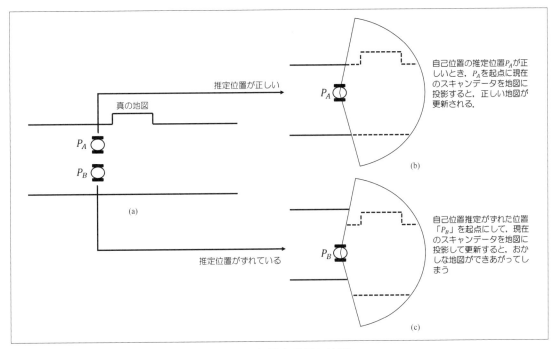

自己位置の推定位置P_Aが正しいとき，P_Aを起点に現在のスキャンデータを地図に投影すると，正しい地図が更新される．

自己位置推定がずれた位置「P_B」を起点にして，現在のスキャンデータを地図に投影して更新すると，おかしな地図ができあがってしまう

〔図 5-21〕推定位置と地図

・今取得したセンサデータは、図 5-22(a) の囲み図である。
・図 5-22(b) の実線のような地図データがあるとする。
・この状況でスキャンマッチングを行い、自己位置推定を行う、

　今回の場合、「はじめの候補」位置を図 5-22(b) の A エリア付近とした場合には、自己位置推定はおおよそ正しく行われる。その一方で、B エリアに「はじめの候補」位置を設定すると、他の場所（局所的最適解）に収束してしまい、正しい自己位置推定が行われないだろう。もちろん収束するエリアの大きさは状況に依存する。

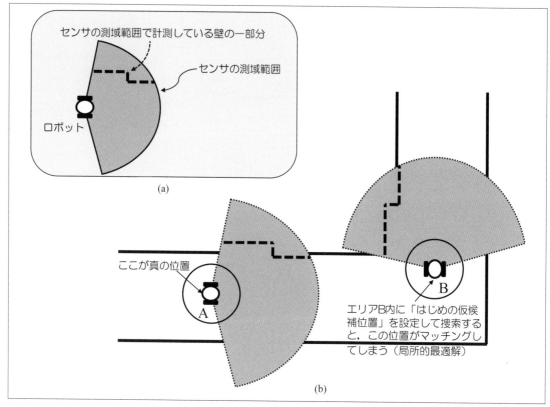

〔図5-22〕スキャンマッチング

5－5節　垂直距離による評価

　今まで述べてきたマッチング手法では、「ある点」と、「それに対応する点」との距離の二乗の合計値を評価し、評価値が最小になるところをマッチング結果とした。「『ある点』と『それに対応する点』の組み合わせ」がうまくできれば、それぞれの対応点の距離の二乗の合計値でマッチング結果を評価するこの手法はうまく機能する。

　ここで、ある屋内環境で、スキャンマッチングをする場合を考えてみよう。例えば、オフィスビルの廊下を、ロボットが移動する。このような環境では、直線的な壁で外形が形作られていることが多い。ここで図5-23(a)のような廊下の角付近の地図データと、ロボットの推定位置を起点にロボットのスキャンデータを地図座標系に投影したものがあるとする。

　図中では、点と点の距離を計算するために対応する点（点同士が一番近い点）を線で結んでいる。このような状況において、スキャンマッチングを使って自己位置推定を行うとしよう。

　図5-23 (b) のA点を対応点に近づけると、B点は離れるような場合が多い。C、D点も同様なことが起こるため、ある程度近づくとそこで距離の二乗の合計値が最小値をとってしまう。本来であれば、スキャンデータと地図データの重なる場所が、最適な自己位置推定の位置となる。しかし、このように拮抗力が働いているような状況では、自己位置推定がうまくいかない。

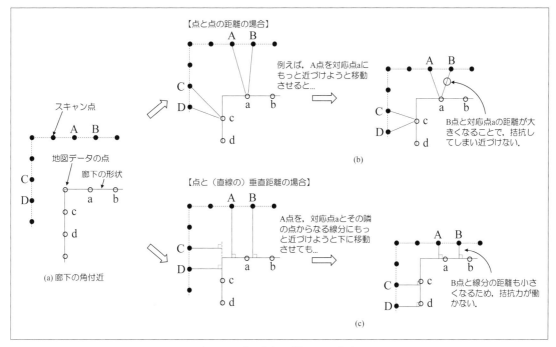

〔図5-23〕垂直距離による評価

　このような問題に対応する一つの方法として、「点と直線の距離（垂直距離）」で考える手法がある。図5-23 (c) をみてみよう。点と直線の距離は、「ある点」と「ある点から直線へ垂線を下ろした交点」との距離になる。ちなみにこの直線は、対応点とその両隣の点で作られる線分（実際には2つの線分に対しての平均値）からなる。先ほどと同じ「廊下の角」の場合、A 点の垂直線の距離を近づけていったとしても、対応するもう一方の点である B 点の垂直線の距離も近づくため、図5-23 (b) のような拮抗力が働かないことに気づく。さらに、C、D 点も同様に、拮抗力が働かない状態で両方の垂直線距離を小さくすることができるため、スキャンデータが地図データにきれいにマッチングしやすいことがわかる。

　もちろん、点と直線の距離が有効なケースというのは、図5-23 で例に挙げたような「直線や直角の地形が多い場合」であることに注意してほしい。つまり、屋内などの人工的な仕切りにより作られた（直線や直角が多い）空間では、点と直線の距離を用いた評価でスキャンマッチングを行った方がうまく機能する。その一方で、屋外の自然環境では、うまくいかない場合がある。それは、自然環境は屋内環境のように、各点同士が幾何学的な関係でつながっているわけではないからだ。そのため各点を独立して存在していると考え、点と点の距離を用いた評価の方がよい場合があることは覚えておきたい。

第6章

オドメトリとの融合

前章ではレーザレンジセンサデータを使ってスキャンマッチングをすることで、自己位置推定が行えることが分かった。

　スキャンマッチングの一手法であるICPはコンピュータが得意な繰り返し計算を行い、条件に合った場所を探してくれる有力な手法である。前章ではICPを行う際の評価の観点（つまり距離の取り方）には、周囲環境に応じて複数の方法（点と点の距離での評価、点と直線の距離での評価など）があることにも触れた。

6－1節　スキャンマッチング手法の弱点

　ものごとにはすべて良い面と悪い面の両面があるのが常である。レーザレンジセンサデータを用いたスキャンマッチングの場合のマイナス点はどのようなものだろうか？

　レーザレンジセンサデータを用いたスキャンマッチングでは、測定データと比較対象データ（地図データ）を比較して、何かしらの評価基準で一番合致しそうなところを求める。その前提として、そもそも比較できるデータが必要となる。もう少し具体的に言えば、見分けたい事象に関して何かしらの違いが出るデータが必要となる。

　「そもそもデータが必要」ということについては、みなさんも素直に納得できるはずだ。例えばセンサが壊れてデータがとれなければ、つまりデータがなければ、スキャンマッチングはできない。

　ではセンサが正常に動き、データを取得できたとしても、うまく機能しない場合はあるだろうか？

　ここで、図6-1(a)のような長い廊下を走行している場合を考えてみよう。この際に得られるレーザレンジセンサのデータは図6-1 (b)と図6-1(c)のようになる。図を見てわかるように、廊下のどこにいても同じような測定データとなってしまう。廊下の前後方向を特定するためには何かしらの違いが必要になるのだが、そのような情報自体がない。このように、正しい情報を持っていたとしても、それが違いのない情報であるならば、それを使って見分けることは難しい。

　この問題に対する解決策は、抜けている情報（廊下の前後方向に関する何かしらの情報）を補うことである。

　では、どうやって不足している情報を補うことができるだろうか？

　例えば人であれば、歩幅が使える。自分の歩幅をあらかじめ測っておけば、歩数からどの程度進んだかを推測することができる。車輪型移動ロボットであれば、オドメトリが使える。車輪の直径とその回転角度から、どの程度進んだのかを推測すればいい。あるいは、移動ロボットに取り付けた加速度センサを使うことも可能だ。そのセンサから得た加速度を積分操作することで、移動距離を推測できる（図6-2）。ちなみに、一回積分すると速度となり、二回積分すると距離になる。

　もちろん、歩幅は正確ではなく、あるいは進む方向にずれもあるため、あくまで推測値となる。これは車輪でも同様だ。左右車輪それぞれ、路面状況により発生するスリップや車輪径誤差がある。あるいは、加速度センサにはドリフトなどの誤差がある。そのため、車輪もあくまで移動距離の推定値である。ただ、推定する区間が短い、あるいは、処理周期が短く、そして

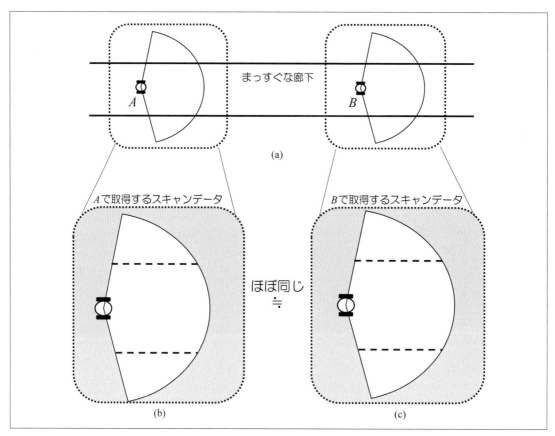

〔図6-1〕スキャンデータがほぼ同じになる問題

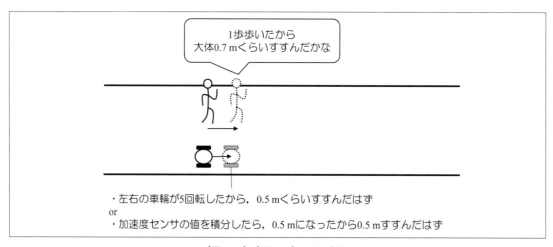

〔図6-2〕〔図6-1〕の解決策

ある程度のタイミングや距離ごとに、位置の校正が行えるのであれば、一時しのぎとしてこれらの推測値を活用することは大いに役立つ。

６−２節　ICP とオドメトリとの融合

　前節で述べた ICP の弱点の一つを補う方法として、オドメトリとの融合は効果的である。仮にオドメトリが正確だとすれば、原理的にオドメトリだけで SLAM が行えることは３章でも述べた。では、ICP とオドメトリをどのように融合して自己位置推定を行うのがよいのだろうか？

　一言で言えば「平均する」というのがベースの考え方となる。もし ICP とオドメトリの誤差（ずれ）の程度が同じであれば、単純に「平均する」でよいだろう。その一方で、誤差の程度が異なる場合には、「重みつき平均」をすればよい。

　「重みつき平均」の簡単な例を日常生活のシーンから挙げてみよう。

　ある目的地までの到達時間の予想において A 君と B 君の予想がそれぞれ異なり、A 君の予想が９分、B 君の予想が６分だとする。今までの状況から A 君の方が B 君より、予想の正確度が２倍高いとする。この場合の二人を合わせた予想は、9×2/3 + 6×1/3=8（分）とするのはそれほど違和感がないだろう。このように A 君と B 君のそれぞれの正確度を割合にして求めたものが、「重みつき平均」である。

　同様に「ICP による自己位置の推定位置と、オドメトリによる自己位置の推定位置の重みつき平均を用いて自己位置推定を行う」ことが一つの方法となる。

　では次の問題として、「重み」をどうやって決めるか、となる。ここで出てくるのが確率統計の考え方である。

　ここでもう一度振り返って考えてみよう。もし、オドメトリデータが正確であれば、そもそも自己位置を推定する必要はなく、自己位置を確定できる。また、SLAM による地図作成もオドメトリ情報やセンサ情報が正確である場合には、それらをつなぎ合わせれば正確な地図が出来上がる。

　重要なのは、私たちが得られるデータが「正確ではない」ということを頭に入れておくことだ。正確な情報を扱うわけではない以上、そこには推測が必要となる。例えば正確には 1.0 というデータが、1.01 と計測されたり、1.003 と計測されたり、あるいは 1.1 と計測されたりと、計測データが、正確なデータに対してぶれているのである。

　このような状況を表す確率統計の概念が「分散」である。分散の定義は

$$\sigma^2 = \frac{1}{n} \sum_{i=1}^{n} (x_i - \bar{x})^2$$

σ^2	分散
n	データの総数
x_i	各データの値
$\bar{x}$	データの平均

であり、値の散らばり具合、広がり具合を表す一指標である（図 6-3）。つまり、データの散ら

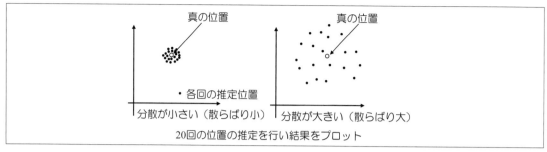

〔図6-3〕分散の大小

ばり具合が大きいほど分散の値が大きくなる。分散値が大きいということは、正確な値に対して計測データの不正確性が高い、ということである。見方を変えれば、分散値の逆数の値は、データの正確性と正の関係となる。よって、分散の逆数値を使って「重みつき平均」をとることができる。

　つまり、ICPとオドメトリによる自己位置推定値の2つのデータ群があるときに、それぞれのデータ群の分散がわかれば、その分散の値を用いて「重みつき平均」ができる。

　実はこの考え方は、二つの分布がそれぞれ正規分布に従うとしたときに、二つの分布から最良な推定値を得る問題と同様である。コラム3では、「重みつき平均」について概説する。そこでは簡単に説明するために1次元の分布の場合を例にとっているが、多次元データになると、「分散」を「分散共分散行列」に拡張した考え方になる。

　まとめると、ICPとオドメトリによる自己位置推定値が正規分布に従うと仮定し、「重みつき平均」を使って二つを融合することにより、ICPの弱点の一つを補った自己位置推定が可能となる。

◇コラム3　重みつき平均
　例え話で考えてみよう。
　手で物の質量を計る場合を考える。AさんとBさんがいて、Aさんは今までの実績から、±0.1kg程度の誤差で質量を測ることができるとわかっている。一方Bさんは、±0.5kg程度の誤差で計ることができる。同じ石を測った際に、Aさんは1.3kg、Bさんは1.0kgと言った。さて、このような場合、二人の結果を合わせた結果は何kgとするのがよさそうだろうか？

　二人の平均をとった場合には(1.3+1.0)/2=1.15kgとなる。
　ただ、Aさんの方が誤差の範囲が少ないのである。であれば1.0kgと1.3kgの中間ではなく、Aさんが言っている1.3kg側に近いのではないだろうか？

　このような問題に対応できるのが重みつき平均である。
　ここで同じ種類のセンサAとBがあるとする。センサAの計測値の分散がセンサBよりも小さいとする。つまり、センサAの計測値の真の値からのずれがセンサBよりも統計的に小さいとする。このとき、二つのセンサの計測値を考慮した計測結果は、センサAの計測値に

近い方が自然に感じるだろう。

　このようなときに活躍するのが確率統計の理論である。確率統計の理論によると、あるセンサの値が平均 μ、分散 σ^2 に従う場合、あるタイミングで計測したセンサの計測値 X が $\mu - \sigma < X < \mu + \sigma$ である確率は 68.3% である。

　また、センサ A と B の計測値の分散が $\sigma_a^{\,2}$、$\sigma_b^{\,2}$ の場合、$w_a = 1/\sigma_a^{\,2}$、$w_b = 1/\sigma_b^{\,2}$ としてセンサ A と B の二つの計測値を考慮した最良推定値は重みを w_a, w_b とした重みつき平均 X$= (w_a X_a + w_b X_b)/(w_a + w_b)$ となる。

　なぜ最良推定値が上記の重みつき平均になるのかを簡単に説明しよう。

　センサ A、B の計測値が真の値 X に対して正規分布しているとする。センサ A の計測値が X_a である確率 $P(X_a)$ は

$$P(X_a) \propto \frac{1}{\sigma_a} exp \left\{ \frac{-(X_a - X)^2}{2\sigma_a^{\,2}} \right\} \qquad \text{……………}（コラム 3.1）$$

であり、センサ B の計測値が X_b である確率 $P(X_b)$ は

$$P(X_b) \propto \frac{1}{\sigma_b} exp \left\{ \frac{-(X_b - X)^2}{2\sigma_b^{\,2}} \right\} \qquad \text{……………}（コラム 3.2）$$

となる。

　センサ A の計測値が X_a、センサ B の計測値が X_b である確率は、次のように二つの確率の積となる。

$$P = P(X_a) \cdot P(X_b) \propto \frac{1}{\sigma_a \sigma_b} exp \left\{ \frac{-H^2}{2} \right\} \qquad \text{…………}（コラム 3.3）$$

このとき、指数部分は

$$H^2 = \left(\frac{X_a - X}{\sigma_a} \right)^2 + \left(\frac{X_b - X}{\sigma_b} \right)^2 \qquad \text{……………}（コラム 3.4）$$

である。

　ここで最尤原理（考えられる母数の値のうち、現在の事象が起きる確率がもっとも高くなる母数の値が、その母数の推定値として一番もっともらしい）により、P の確率が一番大きいときが X の最良推定値となる。

　つまり式（コラム 3.3）の指数部の形から、式（コラム 3.4）が最小となるときが X の最良推定値となる。

これは

$$\frac{dH^2}{dX} = -2 \left(\frac{X_a - X}{\sigma_a^{\,2}} \right) - 2 \left(\frac{X_b - X}{\sigma_b^{\,2}} \right) = 0 \qquad \text{…………}（コラム 3.5）$$

を満たすときであり

$$X = \frac{\dfrac{X_a}{\sigma_a^{\,2}} + \dfrac{X_b}{\sigma_b^{\,2}}}{\dfrac{1}{\sigma_a^{\,2}} + \dfrac{1}{\sigma_b^{\,2}}} \qquad \text{………………………………}（コラム 3.6）$$

となる。

ここで

$$w_a = \frac{1}{\sigma_a{}^2}, \ w_b = \frac{1}{\sigma_b{}^2}$$

である重みを導入すれば、最良推定値は以下の重みつき平均値となる。

$$X = \frac{w_a X_a + w_b X_b}{w_a + w_b} \quad \cdots\cdots\cdots\cdots\cdots\cdots\cdots\cdots\cdots\cdots \quad (コラム\ 3.7)$$

6−3節 ICPデータの分散とオドメトリデータの分散

　具体的にICPによる自己位置推定値の分散（分散共分散行列）とオドメトリデータによる自己位置推定値の分散（分散共分散行列）を、どのようにして求めるのだろうか？ 2次元平面での移動における自己位置は (x, y, θ) の3次元要素での表現になるため、多次元の場合の分散の表し方である「分散共分散行列」を求めることになる。そのため、分散（分散共分散行列）という表記にしたが、今後は文意が伝わるときには分散共分散行列の意味も含んで「分散」という言葉を用いる。ただし、行列としての「分散」を意識した方が、より分かりやすいと思われる場合には、「分散共分散行列」のままにした。

　本来であれば、実際にICPによる自己位置推定を十分な回数行い、それらの値の真値に対する分散を求め、あるいは、実際にオドメトリデータを用いて自己位置推定を十分な回数行い、それらの値の真値に対する分散を求めるのがよい。

　その場合、「十分なデータを取得して分散を求める」という準備を行った後に、「重みつき平均」により自己位置推定値を求めるということになり、多くの手間と準備が必要になる。これでは、実際の使用場面では使いにくい。

　そのため、分散を推定する方法はいくつもある。実際、それ自体が研究トピックになっているほどである。本書では、そのうちの一つの方法を使うこととする。まずは、本書での方法を使ってSLAMの素性を把握してもらいたい。

　ICPによる自己位置推定値の分散共分散行列の求め方をざっくり書いてみよう。まず、ICPによる自己位置推定値は、5章で述べた「点と点」、あるいは、「点と直線」の距離の二乗の合計値でできた評価関数の値が最小になる場所である。ここで、自己位置を推定する評価関数の分布が正規分布になっていると仮定し、ラプラス近似を活用して分散共分散行列を求める。分散共分散行列は、評価関数の極小値（つまり、ICPによる自己位置推定値）におけるヘッセ行列の逆行列を用いて求められる。ただし、ヘッセ行列の計算は複雑であるため、ガウス‐ニュートン近似により、ヤコビ行列を活用してヘッセ行列を近似する。

　この手法により分散を推定した場合、以下のようになる。

　まず、垂直距離（図6-4(b)）による評価関数の式は式(6.1)である。R はロボット座標系から地図座標系への回転行列、p_i は測定したスキャンデータ、t はロボット座標系の地図座標系に対する並進成分、q_i は比較対象データ、n_i は比較対象データと隣の点でできる線分の法線ベクトルであり、測定データの点を地図座標系へ投影した位置とその対応点との差を表すベクトルと単位法線ベクトルとの内積を計算することで、点と直線の距離を求め、その二乗を足し合わせている（図6-5）。

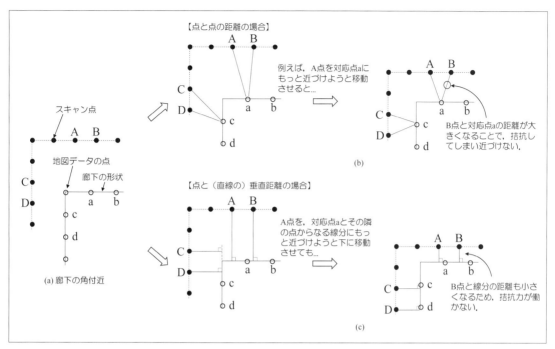

〔図 6-4〕垂直距離による評価

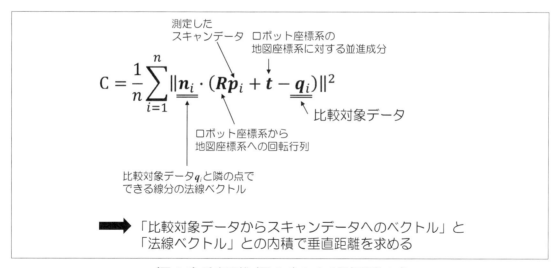

$$C = \frac{1}{n}\sum_{i=1}^{n} \|\underline{\underline{n_i}} \cdot (R\underline{p_i} + \underline{t} - \underline{\underline{q_i}})\|^2$$

測定した
スキャンデータ

ロボット座標系の
地図座標系に対する並進成分

比較対象データ

ロボット座標系から
地図座標系への回転行列

比較対象データ q_i と隣の点で
できる線分の法線ベクトル

➡ 「比較対象データからスキャンデータへのベクトル」と
「法線ベクトル」との内積で垂直距離を求める

〔図 6-5〕垂直距離（図 6-4）による評価関数の式

$$C = \frac{1}{n} \sum_{i=1}^{n} \| \boldsymbol{n}_i \cdot (\boldsymbol{R}\boldsymbol{p}_i + \boldsymbol{t} - \boldsymbol{q}_i) \|^2$$

$$= \frac{1}{n} \| \boldsymbol{h}(x) - z \|^2$$

ここで、

$$\boldsymbol{h}(\boldsymbol{x}) = \begin{pmatrix} h_1(\boldsymbol{x}) \\ \vdots \\ h_n(\boldsymbol{x}) \end{pmatrix} = \begin{pmatrix} \boldsymbol{n}_1 \cdot (\boldsymbol{R}\boldsymbol{p}_1 + \boldsymbol{t}) \\ \vdots \\ \boldsymbol{n}_n \cdot (\boldsymbol{R}\boldsymbol{p}_n + \boldsymbol{t}) \end{pmatrix}$$

$$z = \begin{pmatrix} z_1 \\ \vdots \\ z_n \end{pmatrix} = \begin{pmatrix} \boldsymbol{n}_1 \cdot \boldsymbol{q}_1 \\ \vdots \\ \boldsymbol{n}_n \cdot \boldsymbol{q}_n \end{pmatrix} \qquad \cdots\cdots\cdots\cdots\cdots\cdots \quad (6.1)$$

$\boldsymbol{J}$ を次式のヤコビ行列として評価関数 C の分散共分散行列は $(\boldsymbol{J}^T\boldsymbol{J})^{-1}$ の定数倍となる。

$$\boldsymbol{J} = \begin{pmatrix} \dfrac{\partial h_1}{\partial x} & \dfrac{\partial h_1}{\partial y} & \dfrac{\partial h_1}{\partial \theta} \\ \vdots & \vdots & \vdots \\ \dfrac{\partial h_1}{\partial x} & \dfrac{\partial h_1}{\partial y} & \dfrac{\partial h_1}{\partial \theta} \end{pmatrix} \qquad \cdots\cdots\cdots\cdots\cdots\cdots\cdots\cdots \quad (6.2)$$

ここに記載した分散の求め方については、丁寧な説明が参考文献 [1] の p.133〜135、195〜196 にあるので興味のある読者は参考にしてほしい[1]。

　次に、オドメトリによりロボットの位置を求める際の分散について考えてみよう。図 6-6 のようにロボットが t 秒から $t+\Delta t$ 秒にロボット座標系で $\vec{a} = (u, v, \alpha)^T$ 移動したとすると、

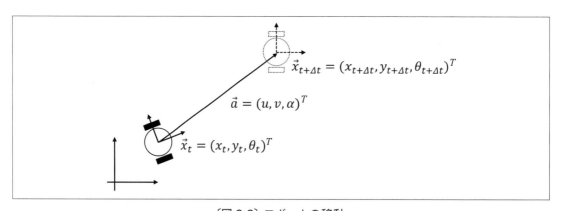

〔図 6-6〕ロボットの移動

---

[1] 評価関数は、本書においては垂直距離の値で評価しているため問題にならないが、5 − 5 節で触れたように、点と点の距離で評価する場合もあり得る。ただその場合には、測定データの点と比較対象データの点の対応点がすでに決められた上での評価値となってしまうため、上記で述べた分散の値は、対応付けのあいまいさは反映していないものになってしまう。

$$\begin{pmatrix} x_{t+\Delta t} \\ y_{t+\Delta t} \\ \theta_{t+\Delta t} \end{pmatrix} = \begin{pmatrix} \cos\theta_t & -\sin\theta_t & 0 \\ \sin\theta_t & \cos\theta_t & 0 \\ 0 & 0 & 1 \end{pmatrix} \begin{pmatrix} u \\ v \\ \alpha \end{pmatrix} + \begin{pmatrix} x_t \\ y_t \\ \theta_t \end{pmatrix}$$

$$= \begin{pmatrix} u\cos\theta_t - v\sin\theta_t + x_t \\ u\sin\theta_t + v\cos\theta_t + y_t \\ \alpha + \theta_t \end{pmatrix}$$

$$= f(\boldsymbol{x}_t, \boldsymbol{a}) = \begin{pmatrix} f_x(\boldsymbol{x}_t, \boldsymbol{a}) \\ f_y(\boldsymbol{x}_t, \boldsymbol{a}) \\ f_\theta(\boldsymbol{x}_t, \boldsymbol{a}) \end{pmatrix} \qquad \cdots\cdots\cdots\cdots\cdots \quad (6.3)$$

となる。このとき、$t+\Delta t$ 秒時のロボット座標系での分散共分散行列を $\boldsymbol{\Sigma}_{t+\Delta t}$ とすると

$$\boldsymbol{J}\boldsymbol{\Sigma}_{t+\Delta t}\boldsymbol{J}^T \qquad \cdots\cdots\cdots\cdots\cdots\cdots\cdots\cdots\cdots\cdots\cdots\cdots\cdots \quad (6.4)$$

が地図座標系での分散になる。

　ここで、t 秒時のロボットの位置と移動量 $\vec{a}$ は独立だとして、相関する項を 0 とし、t 秒時のロボット位置の分散共分散行列が $\boldsymbol{\Sigma}_t$、移動量 $\vec{a}$ の分散共分散行列が $\boldsymbol{\Sigma}_a$ とすると、

$$\boldsymbol{\Sigma}_{t+\Delta t} = \begin{pmatrix} \boldsymbol{\Sigma}_t & 0 \\ 0 & \boldsymbol{\Sigma}_a \end{pmatrix} \qquad \cdots\cdots\cdots\cdots\cdots\cdots\cdots\cdots\cdots\cdots \quad (6.5)$$

となる。

　また、式 (6.4) のヤコビ行列 $\boldsymbol{J}$ は

$$\boldsymbol{J} = \begin{pmatrix} \dfrac{\partial f_x}{\partial x_t} & \dfrac{\partial f_x}{\partial y_t} & \dfrac{\partial f_x}{\partial \theta_t} & \dfrac{\partial f_x}{\partial u} & \dfrac{\partial f_x}{\partial v} & \dfrac{\partial f_x}{\partial \alpha} \\[2ex] \dfrac{\partial f_y}{\partial x_t} & \dfrac{\partial f_y}{\partial y_t} & \dfrac{\partial f_y}{\partial \theta_t} & \dfrac{\partial f_y}{\partial u} & \dfrac{\partial f_y}{\partial v} & \dfrac{\partial f_y}{\partial \alpha} \\[2ex] \dfrac{\partial f_\theta}{\partial x_t} & \dfrac{\partial f_\theta}{\partial y_t} & \dfrac{\partial f_\theta}{\partial \theta_t} & \dfrac{\partial f_\theta}{\partial u} & \dfrac{\partial f_\theta}{\partial v} & \dfrac{\partial f_\theta}{\partial \alpha} \end{pmatrix}$$

$$= \left(\begin{array}{ccc|ccc} 1 & 0 & -u\sin\theta_t - v\cos\theta_t & \cos\theta_t & -\sin\theta_t & 0 \\ 0 & 1 & u\cos\theta_t - v\sin\theta_t & \sin\theta_t & \cos\theta_t & 0 \\ 0 & 0 & 1 & 0 & 0 & 1 \end{array} \right)$$

$$= (\boldsymbol{J}_x | \boldsymbol{J}_a) \qquad\qquad\qquad\qquad \cdots \quad (6.6)$$

である。

　よって式 (6.4) を計算すると

$$\Sigma_{t+\Delta t} = (J_x \quad J_a) \begin{pmatrix} \Sigma_t & 0 \\ 0 & \Sigma_a \end{pmatrix} \begin{pmatrix} J_x^T \\ J_a^T \end{pmatrix}$$

$$= J_x \Sigma_t J_x^T + J_a \Sigma_a J_a^T \qquad \cdots\cdots\cdots\cdots\cdots\cdots\cdots\cdots \quad (6.7)$$

となる。

　ここで、処理周期ごとに、「その時点で最大の確率を持つ位置」を「その時点での位置」と確定させる場合には、式 (6.7) の左側の項の分散は確定値であるため 0 となるので、右側の項の

みとなる。また、Σ_a は微小時間 Δt の運動の分散であり、並進運動と回転運動の各項目は独立していると考える。

　ここで、並進移動と回転移動のそれぞれに関する分散は、経験的な係数を使って（もちろん、係数は路面状況に依存する）、簡易的に次式で表す方法がよく用いられている。

$$\sigma_{v_t}^2 = a_1 v_t^2 = a_t (v_x^2 + v_y^2)$$
$$\sigma_{\omega_t}^2 = a_2 \omega_t^2 \qquad \cdots\cdots\cdots\cdots\cdots\cdots\cdots\cdots\cdots\cdots \quad (6.8)$$

よって Σ_a は次式となる。

$$\Sigma_a = \begin{pmatrix} a_1 v_x^2 & 0 & 0 \\ 0 & a_1 v_y^2 & 0 \\ 0 & 0 & a_2 \omega_t^2 \end{pmatrix} \qquad \cdots\cdots\cdots\cdots\cdots\cdots\cdots\cdots \quad (6.9)$$

　なお、一般論として、データから何かを推定する場合には、分散をうまく設定することが重要とある。そのため、ICP あるいはオドメトリのどちらの分散においても、環境や路面に応じた精度の高い分散の設定の仕方を考えることは、それ自体が研究対象となっている。

６−４節　地図データの構造について

　壁などの障害物が存在する場所 (x, y) に点があるのが地図データの基本である。ここでは、地図データの構造について考えよう。

　例えば、図 6-7 のように配列やリストに新しい点 (x, y) を追加していくという単純な構造もありえるだろう。これは、点が少ないときにはよいかもしれない。ただし、何かしらの探索を行うときには、全数探索を行うことが基本となってしまい、時間がかかる。そのため、少し効率的なデータ構造として、2 次元座標を格子状に区切り、各格子を 2 次元のインデックスで管理し、各格子単位でその中に点をもつ、あるいは、もたないという情報を保持するデータ構造を考える。つまり、図 6-8 のように格子状に区切って、それぞれの格子で情報を管理する。

　例えば各格子の中に複数の点がある場合には、複数の点の平均値をその格子の点群の代表点とすることで、データの圧縮を図った情報の管理が可能になる。インデックスを用いることで各種探索時間を短縮できるため、図 6-9 のような地図データの構造を本書では使用する。探索の際には、格子テーブルのインデックスをずらしながら探索することで、例えば「あるエリア付近の点を探索する」ことを効率的に行うことができる。

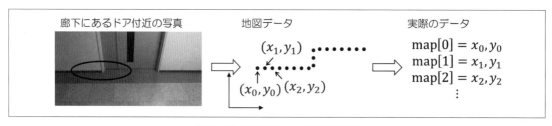

〔図 6-7〕地図データの構造の例

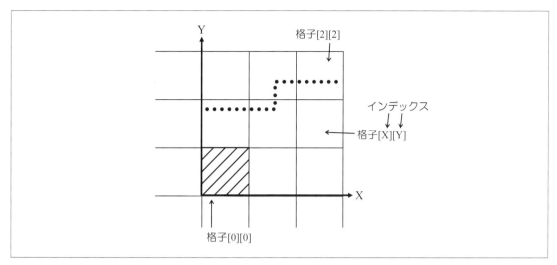

〔図6-8〕格子テーブル上で情報を管理

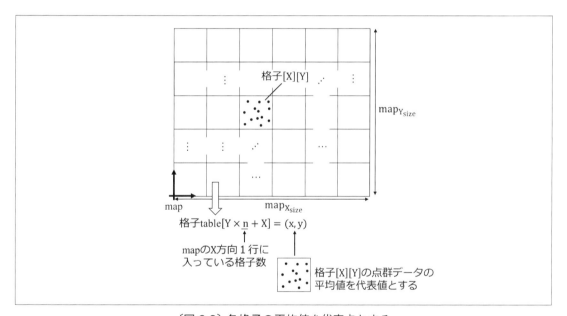

〔図6-9〕各格子の平均値を代表点とする

6-5節　測定データと比較する対象データについて

　スキャンマッチングの際に比較対象とするデータについて考える。

　連続的にロボットは移動するため、1周期前のデータと現在のスキャンデータ（＝測定データ）が一番類似していると考えて、例えば1周期前のデータを比較対象データとする方法もあるかもしれない。ただし、動く障害物があり、スキャンデータが障害物にさえぎられてしまう

場合など、環境が動的に変化すると、データのマッチングする個所が不安定になることも考えられる。そのため、測定データとの比較を、より安定して行うために、今まで構築して積み上げてきた地図データを比較対象とすることにする。

　それを示したのが図6-10である。図6-10(b)のように、歩いている人がセンサの計測範囲にいる場合には、直前のスキャンデータとの類似度が下がるため、積み上げてきた地図データとの比較の方が、マッチング性能が安定する（図6-10(c)）。

　次に、スキャンデータ（以降、意味が明らかな場合、「現在のスキャンデータ」の「現在の」を省略する）のそれぞれの点に対して、比較対象データのどの点が対応しているのかを考える必要がある。点同士の対応が決まらないと、その対応点がどの程度マッチングしているのかが評価できないからである。これについては、5－2節ICPアルゴリズムですでに述べた。図6-11のように、ロボットがある予測位置にいるとして、そこからみたスキャン点の位置に距離が一番近い地図上の点を、そのスキャン点に対応している地図上の対応点とする。

　6－4節、6－5節で紹介したそれぞれの方法については、実際には他の方法もあり得る。

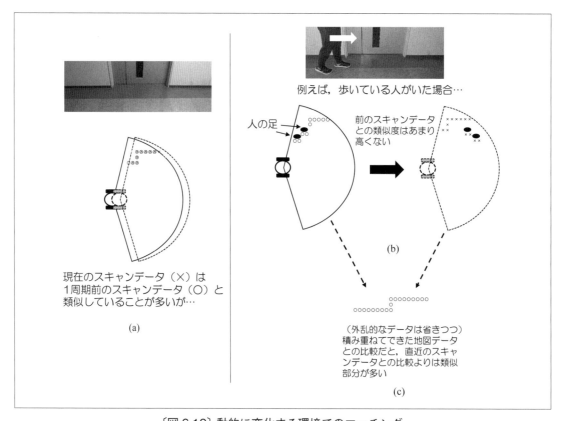

〔図6-10〕動的に変化する環境でのマッチング

そしてそのやり方によって、処理速度や処理精度が変わる。SLAM の研究が盛んな理由の一つには、いろいろな推定方法の可能性があり、状況に応じて性能が変わるという側面があるからだろう。つまり、環境に依存する部分があり、確率統計論で議論されるため、バリエーションが生まれるのである。ただその一方で、理論が複雑化し、理解が難しくなりがちになってしまうデメリットもある。

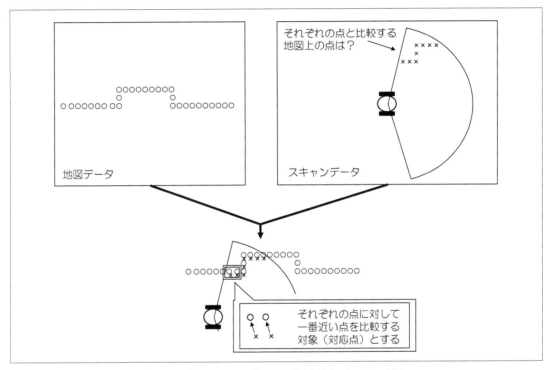

〔図 6-11〕スキャンデータと比較対象データの対応

第7章

SLAMを試す

　そろそろここまで学んできた知識があふれてしまうかもしれない。

　この辺りでいったん SLAM を実際に試して、今まで学んだことを整理してみよう。ここまでの内容で、「同じ場所に戻らずに短い距離を移動する」SLAM であれば、それなりに体験できるはずだ。

　この時点でのプログラムをコード 7-1 ～ 7-19 に示す。7 章の冒頭に掲載している URL の[DL1] からダウンロードもできるので、活用してほしい。このプログラムは、次章の「ループ検出」及び「ポーズ調整」の内容は含まない。また、このプログラムは、友納氏による SLAM学習用 C++ プログラム（https://github.com/furo-org/LittleSLAM）を Python に移植したものと考えてほしい。

　移植の方針は以下である。

　友納氏による SLAM 学習用 C++ プログラムに対応していた方が、理解しやすく、あるいは、C++ と Python の書き方の違いを勉強したい読者にも役立つだろう。そのため、変数の名前などもなるべく合わせる方針とした。Python を本書での使用言語としたのは、プログラミング言語として勉強するための情報が豊富で、入門書として使用するのに適切だからだ。

　ただし、繰り返し計算などは、C++ よりも処理速度がかなり遅くなる場合がある。実際に本書の Python プログラムの実行速度は、C++ 版よりも処理時間が遅い。両方のプログラムを動作させてみると、びっくりするかもしれない。とはいえ、Python に慣れた方にとっては、やはり Python の方が理解しやすいだろうし、Python の高速処理に関するノウハウを駆使すれば、現状より高速化を図れる余地もある。そのため、本書では Python を採用することにする。繰り返しになるが、「SLAM 入門」[1]は良書であるので、ぜひ本書の読者にも一読してほしい。

　プログラム中には、今まで説明した内容を補足するコメントも書いてある。参考にしながら、一度は一行一行プログラムの詳細を追ってほしい。というより、本当に理解しようとすると、遅かれ早かれプログラムを詳読することになるのが常である。それは私も同じだ。

　では、まずは早速 SLAM プログラムを試してみよう。重複するが、プログラムで使うファイル一式は [DL1] からダウンロードできる。

7－1節　実行環境

　まず、本書執筆時の実行環境は ubuntu16.04 の Python 3.5 である。ただし、ubuntu20.04 の Python3.8、windows 10 の Python 3.9 でも動作確認は行っており、Python 3.5 以上であれば問題なく SLAM プログラムは動作するはずである*1。なお、ubuntu と windows では Python のバージョンが同じでも計算時の数値の扱い方の違いなどの関係で、実行結果が若干異なる場合がある。本書の実行結果は ubuntu16.04 の Python3.5 でのもののため、他の環境の読者の方は本書の図と自分の実行結果で少し異なる場合があることに注意してほしい。

　本書のプログラムを使うための実行環境の準備であるが、ネットの情報などを基に

・Python3.5 以上（2021 年 9 月時点で最新バージョンは Python3.9）
・gnuplot（グラフ描画ソフト）

をインストールしてほしい。使っている linux のディストリビューションによっては、どちらも初めからインストールされていることもある。また、windows ユーザーは windows10 用のものがある（ソフトウェアによっては、インストール時に「環境変数の設定をする」かどうかのチェックボタンがあるが、その場合には、チェックを入れて環境変数の設定をインストーラにやってもらった方がスムーズに環境準備ができる。インストール方法も十分な情報がインターネット上にある）。各自の状況に応じて実行環境の準備をしてほしい。ここまで準備した後に、必要な追加モジュール（パッケージ）は、

・Numpy
・matplotlib
・scipy
・PyGnuplot

の 4 つである。いずれも pip などを使って簡単にインストールできる（例えば $pip install numpy）。コラム 4 にはソフトウェアに関する注意点をまとめたので、それに目を通した上で、必要に応じて、インターネットなどで情報収集しながら準備してほしい。

---

*1 ただし 10 章における Raspberry Pi Mouse の機体に搭載されている Raspberry Pi の OS は、参考文献 [4] との関係で ubuntu16.04、Python2.7 を前提としている。

◇コラム4　ソフトウェア実行時の注意事項
1．ソフトウェアのセットアップ
　本書の SLAM で使用する Python モジュールは、以下の Numpy, PyGnuplot, matplotlib, scipy である。

・Numpy: 数値計算のためのモジュール

・PyGnuplot: Gnuplot の機能を Python プログラムから呼び出して使うモジュール
・matplotlib: グラフ描画のモジュール（p2o モジュールで使用）
・scipy: 科学計算ライブラリ（p2o モジュールで使用）

　いずれも次のコマンドでソフトウェアモジュールのインストールが行える。

```
$pip install <インストールするモジュール名>
```

　PyGnuplot については、グラフ描画ソフトである gnuplot がインストールされている必要があるため、まずは gnuplot をインストールする。windows 環境の読者は、windows 版 gnuplot をインストールする手順の際に、「実行ファイルのディレクトリを PATH 環境変数に追加する」かどうかをチェックする個所があるので、チェックして環境変数に追加することを忘れないようにする。忘れると、コマンドラインから gnuplot を呼び出しても「見つからない」という内容のエラーになる。
　もう一点、windows 版 gnuplot を使う場合の注意点として、最新のバージョンをいれると invalid command エラーが出る場合がある。version 5.4.1 あるいは 5.4.2 ではエラーが出ないことを確認しているので、そちらを試してほしい。

2．文字コードと改行コード

　違う OS を使って作成したファイルをダウンロードしたときなどに、文字コードや改行コードの違いが悪さをして、以下のようなエラーに遭遇する時がある。

```
SyntaxError: Non-UTF-8 code starting with … in file …
```

　Python プログラムでは例えば2行目に、

```
# coding: utf-8
```

と書き（コード7-1 など参照）、このファイルの使用文字コードを指定している。

windows でファイルを編集して Shift JIS の文字コードでファイルを保存した場合などには、文字コードの違いによりエラーが出る。「指定した文字コード」と「実際の文字コード」が同じかを確認し、違う場合には文字コードが一致するように修正する。

また、改行コードは、linux 環境では LF、windows 環境では CR+LF と違うため、これが悪さをして syntax error（構文エラー）を出す場合もある。改行コードにも気をつけよう。

7−2節　プログラムを動かす

　環境が整ったら、早速プログラムを動作させてみよう。プログラムを保存したディレクトリ（「ディレクトリ」＝「フォルダ」）においてターミナル（windows ではコマンドプロンプト）から、以下のコマンドで SLAM プログラムを実行できる。

```
$ python slam_launcher.py data/urg1.dat 0
```

　slam_launcher.py は第一引数にデータファイル（data/urg1.dat）を指定し、その後の数字（0）でデータファイルの何行分を読み飛ばしてから（今回の場合は、「0 行分のデータを読み飛ばす」＝「1 行目からデータを読み込む」）SLAM を実行するかを指定できるようにしている。

　数分後に図 7-1 のような画面が出力されれば、動作確認は完了である（ただし「凡例」は、本書の図にする際に見やすいように手直ししているので、異なった表示になる）。

　まず、データファイルについて説明しておこう。図 7-2 はデータファイルの「ある 1 行分」を抜き出したものである。データ 1 行は、図 7-3 に示すようなフォーマットでできている。データ 1 行の内容は、このデータが "LASERSCAN" であり、インデックス番号 250、データ数は 340 個、−119.592 deg の場所のレーザスキャンデータは 0.744 m、…、オドメトリデータは x 方向が 1.697 m、y 方向が 0.845 m、θ が 1.179 rad を意味している。

　data/urg1.dat は、レーザレンジセンサ（北陽電機㈱ URG-04LX-UG01）を搭載した対向 2 輪型のロボット（㈱アールティ Raspberry Pi Mouse）をキーボード操作して走行させて得たデータである。キーボード操作は、①前進 0.2 m/s、②後進−0.2 m/s、③その場回転 1.57 rad/s、④その

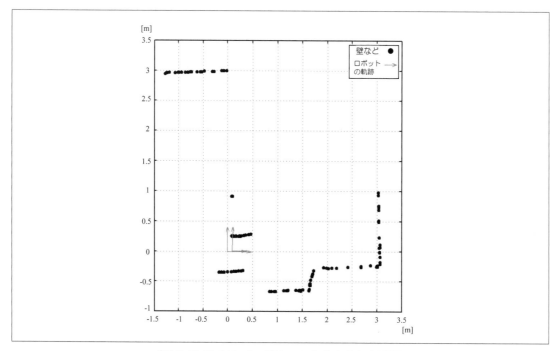

〔図 7-1〕SLAM プログラムから出力された画面

場回転−1.57 rad/s、⑤停止 から選択する方法であり、走行環境は図 7-4 の部屋である。図 7-4 のスタート位置からソファ B 方向に、部屋の中をおおよそ一周するように動かした。繰り返しになるが、本書の SLAM プログラムは、まずはデータファイルを作成し、その後にオフラインでデータファイルを読み込みつつ処理をするものである。

　さて、この段階では、読者が SLAM を体験してみることを第一の目的とし、体験しながら中身の理解を深めていくことにしたい。そのため、大きな処理の流れから追っていくことにしよう。

LASERSCAN 250 1610382142 528170108 340 -119.592 0.744 -118.888 0.748 -118.185 0.757 -117.481 0.766 -116.778 0.775 -116.074 0.000 -115.371 0.000 -114.668 0.000 -113.964 0.000 -113.261 0.000 -112.557 0.000 -111.854 0.000 -111.150 0.000 -110.447 0.000 -109.743 0.000 -109.040 0.000 -108.336 0.000 -107.633 0.000 -106.929 0.000 -106.226 0.000 -105.522 0.000 -104.819 0.000 -104.115 0.000 -103.412 0.000 -102.708 0.000 -102.005 0.000 -101.301 0.000 -100.598 0.000 -99.894 0.000 -99.191 0.000 -98.487 0.000 -97.784 0.000 -97.080 0.000 -96.377 0.000 -95.674 1.590 -94.970 1.576 -94.267 1.570 -93.563 1.567 -92.860 1.566 -92.156 1.562 -91.453 1.553 -90.749 1.551 -90.046 1.542 -89.342 1.536 -88.639 1.530 -87.935 1.530 -87.232 1.522 -86.528 1.521 -85.825 1.514 -85.121 1.512 -84.418 1.508 -83.714 1.505 -83.011 1.505 -82.307 1.503 -81.604 1.496 -80.900 1.492 -80.197 1.489 -79.493 1.490 -78.790 1.489 -78.086 1.477 -77.383 1.478 -76.679 1.486 -75.976 1.486 -75.273 1.486 -74.569 1.485 -73.866 1.485 -73.162 1.489 -72.459 1.485 -71.755 1.481 -71.052 1.481 -70.348 1.489 -69.645 1.488 -68.941 1.492 -68.238 1.492 -67.534 1.497 -66.831 1.494 -66.127 1.496 -65.424 1.497 -64.720 1.502 -64.017 1.508 -63.313 1.510 -62.610 1.517 -61.906 1.525 -61.203 1.526 -60.499 1.526 -59.796 1.527 -59.092 1.539 -58.389 1.542 -57.685 1.549 -56.982 1.549 -56.279 1.554 -55.575 1.568 -54.872 1.573 -54.168 1.585 -52.761 1.585 -52.058 1.594 -51.354 1.604 -50.651 1.614 -49.947 1.619 -49.244 1.628 -48.540 1.635 -47.837 1.643 -47.133 1.654 -46.430 1.667 -45.726 1.671 -45.023 1.678 -44.319 1.702 -43.616 1.713 -42.912 1.724 -42.209 1.730 -41.505 1.746 -40.802 1.752 -40.098 1.769 -39.395 1.785 -38.691 1.794 -37.988 1.814 -37.285 1.824 -36.581 1.842 -35.878 1.850 -35.174 1.873 -34.471 1.896 -33.767 1.911 -33.064 1.927 -32.360 1.952 -31.657 1.972 -30.953 0.000 -30.250 0.000 -29.546 0.000 -28.843 0.000 -28.139 0.000 -27.436 0.000 -26.732 0.000 -26.029 0.000 -25.325 0.000 -24.622 0.000 -23.918 0.000 -23.215 0.000 -22.511 0.000 -21.808 0.000 -21.104 0.000 -20.401 0.000 -19.697 0.000 -18.994 0.000 -18.291 0.000 -17.587 0.000 -16.884 0.000 -16.180 0.000 -15.477 0.000 -14.773 0.000 -14.070 0.000 -13.366 0.000 -12.663 0.000 -11.959 0.000 -11.256 0.000 -10.552 0.000 -9.849 0.000 -9.145 0.000 -8.442 1.357 -7.738 1.327 -7.035 1.327 -6.331 0.000 -5.628 0.000 -4.924 0.000 -4.221 0.000 -3.517 0.000 -2.814 2.779 -2.110 2.755 -1.407 2.753 -0.703 2.755 0.000 2.733 1.407 2.713 2.110 2.705 2.814 2.697 3.517 2.691 4.221 2.688 4.924 2.678 5.628 2.666 6.331 2.657 7.035 2.653 7.738 2.641 8.442 2.639 9.145 2.639 9.849 2.638 10.552 2.626 11.256 2.624 11.959 2.626 12.663 2.624 13.366 2.626 14.070 2.630 14.773 0.000 15.477 0.000 16.180 2.605 16.884 2.604 17.587 2.604 18.291 2.604 18.994 2.605 19.697 2.607 20.401 2.610 21.104 2.631 21.808 2.638 22.511 2.640 23.215 2.644 23.918 2.652 24.622 2.655 25.325 2.654 26.029 2.566 26.732 2.481 27.436 0.000 28.139 0.000 28.843 2.224 29.546 2.225 30.250 2.228 30.953 2.234 31.657 2.245 32.360 2.253 33.064 2.254 33.767 2.269 34.471 2.277 35.174 2.285 35.878 2.298 36.581 2.310 37.285 2.312 37.988 2.328 38.691 2.333 39.395 2.346 40.098 0.000 40.802 2.384 41.505 2.384 42.209 2.402 42.912 2.415 43.616 2.436 44.319 2.448 45.023 2.463 45.726 2.484 46.430 2.502 47.133 2.518 47.837 2.529 48.540 2.554 49.244 2.573 49.947 2.602 50.651 2.617 51.354 2.643 52.058 2.666 52.761 2.680 53.465 1.102 54.168 1.073 54.872 1.095 55.575 0.000 56.279 0.000 56.982 0.000 57.685 0.000 58.389 0.000 59.092 0.000 59.796 0.000 60.499 0.000 61.203 0.000 61.906 0.000 62.610 0.000 63.313 0.000 64.017 0.000 64.720 0.000 65.424 0.000 66.127 0.000 66.831 0.000 67.534 0.000 68.238 0.000 68.941 0.000 69.645 0.000 70.348 0.000 71.052 0.000 71.755 0.000 72.459 0.000 73.162 0.000 73.866 0.000 74.569 0.000 75.273 0.000 75.976 0.000 76.680 0.000 77.383 4.638 78.086 4.584 78.790 4.581 79.493 4.548 80.197 4.525 80.900 4.498 81.604 4.472 82.307 4.449 83.011 4.433 83.714 4.406 84.418 4.380 85.121 4.366 85.825 4.352 86.528 4.352 87.232 0.000 87.935 0.661 88.639 0.007 89.342 0.670 90.046 0.671 90.749 0.000 91.453 0.000 92.156 0.000 92.860 0.000 93.563 0.646 94.267 0.641 94.970 0.641 95.674 0.642 96.377 0.000 97.080 0.000 97.784 0.000 98.487 0.000 99.191 0.000 99.894 0.000 100.598 0.000 101.301 0.000 102.005 0.000 102.708 4.194 103.412 4.194 104.115 4.194 104.819 4.194 105.522 4.191 106.226 4.128 106.929 4.125 107.633 4.132 108.336 4.137 109.040 4.139 109.743 0.000 110.447 0.000 111.150 0.000 111.854 0.000 112.557 0.000 113.261 0.000 113.964 0.000 114.668 0.000 115.371 0.000 116.074 0.000 116.778 0.000 117.481 0.000 118.185 0.000 118.888 0.000 1.697 0.845 1.179 1610382142 531150793

〔図 7-2〕データファイル（抜き出し）

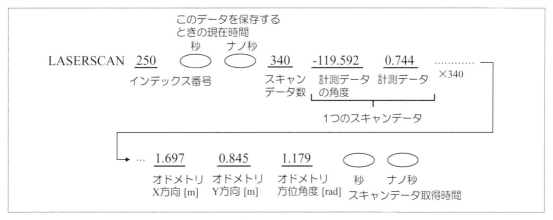

〔図 7-3〕データ 1 行の内容

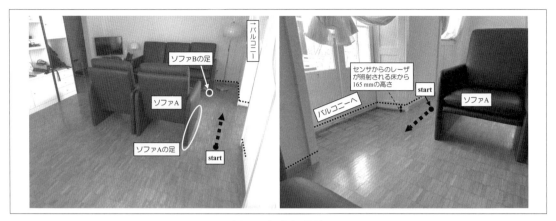

〔図7-4〕走行環境

　プログラムを動作させると slam_launcher.py（コード7-1）の120行目の main() が実行される。127行目でデータファイルが data/urg1.dat に指定され、129行目でデータファイル内のデータを読み飛ばす行が0行（つまり、初めの行からデータを読む）に指定される。そして、135行目で run 関数が実行される。

　run 関数は 43〜70 行目である。処理の大まかな流れは「データファイルを1行読み込むたびに処理を行い、最終行に来たら終了」である。つまりデータを1行読むたびに、すべての処理を行う。52行目でオドメトリデータのみで SLAM を行うのか、あるいは、オドメトリデータ + ICP によるスキャンマッチングで SLAM を行うのかの分岐があり、今は後者（オドメトリ + ICP）で処理が進む。なお、オドメトリデータのみで SLAM を行うかどうかは、133行目、134行目で設定している。

コード7-1［slam_launcher.py］

```
 1. #!/usr/bin/python
 2. # coding: utf-8
 3. # This Python program is translated by Shuro Nakajima from the following C++
    software:
 4. #  LittleSLAM (https://github.com/furo-org/LittleSLAM) written by Masahiro Tomono,
 5. #   Future Robotics Technology Center (fuRo), Chiba Institute of Technology.
 6. # This source code form is subject to the terms of the Mozilla Public License, v. 2.0.
 7. # If  a copy of the MPL was not distributed with this file, you can obtain one
 8. #  at https://mozilla.org/MPL/2.0/.
 9.
10. import numpy as np
11. import time
12. import sys
13.
14. from l_point2d import LPoint2D
15. from pose2d import Pose2D
```

```
16. from scan2d import Scan2D
17. from sensor_data_reader import SensorDataReader
18. from point_cloud_map import PointCloudMap
19. from map_drawer import MapDrawer
20. from slam_front_end import SlamFrontEnd
21.
22.
23. class SlamLauncher:
24.     def __init__(self, startN=0, drawSkip=10, odometryOnly=False, ipose=None,
        lidarOffset=None, sreader=None, pcmap=None, sfront=None, mdrawer=None): #
        RasPiMouse drawskip 10
25.         self.startN = startN  # 開始スキャン番号
26.         self.drawSkip = drawSkip  # 描画間隔
27.         self.odometryOnly = odometryOnly  # 地図構築をオドメトリだけで行うかのフラグ
28.         self.ipose = ipose if ipose else Pose2D()  # オドメトリ地図構築の補助データ
29.         # ロボット中心からのセンサの取付位置
30.         self.lidarOffset = lidarOffset if lidarOffset else Pose2D()
31.         # ファイルからのセンサデータ読み込み
32.         self.sreader = sreader if sreader else SensorDataReader()
33.         self.pcmap = pcmap if pcmap else PointCloudMap()  # 点群地図
34.         self.sfront = sfront if sfront else SlamFrontEnd()  # SLAM フロントエンド
35.         self.mdrawer = mdrawer if mdrawer else MapDrawer()  # gnuplot による描画
36.
37.     def setStartN(self, n):
38.         self.startN = n
39.
40.     def setOdometryOnly(self, p):
41.         self.odometryOnly = p
42.
43.     def run(self, inFile):
44.         self.mdrawer.setAspectRatio(1.0)  # 描画時の x 軸と y 軸の比
45.         cnt = 0  # 処理の論理時刻
46.         if self.startN > 0:
47.             self.skipData(inFile, self.startN)  # startN までデータを読み飛ばす
48.         scan = Scan2D()
49.         # ファイルからスキャンを1個読み込む
50.         eof = self.sreader.loadScan(inFile, cnt, scan)
51.         while eof is False:
52.             if self.odometryOnly:  # オドメトリによる地図構築（SLAMより優先）
53.                 if cnt == 0:
54.                     self.ipose = scan.pose
55.                     self.ipose.calRmat()
56.                 self.mapByOdometry(scan)
57.             else:
58.                 self.sfront.process(scan)  # SLAM による地図構築
59.                 self.pcmap = self.sfront.pcmap
60.             if cnt % self.drawSkip == 0:  # drawSkip おきに結果を描画
61.                 self.mdrawer.drawMapGp(self.pcmap)
62.             cnt = cnt + 1  # 論理時刻更新
63.             eof = self.sreader.loadScan(inFile, cnt, scan)  # 次のスキャンを読み込む
64.             print("---- SlamLauncher: cnt=%d ends ----\n" % cnt)
65.         self.sreader.closeScanFile(inFile)
66.         print("pose %f %f %f" %(self.pcmap.poses[-1].tx,self.pcmap.poses[-1].
        ty,self.pcmap.poses[-1].th))
```

```
 67.            print("SlamLauncher finished.")
 68.
 69.            if sys.platform != 'darwin':
 70.                input()   # 処理終了後も描画画面を残すために何かの入力待ち
 71.
 72.        # 開始から num 個のスキャンまで読み飛ばす
 73.        def skipData(self, inFile, num):
 74.            scan = Scan2D()
 75.            self.sreader.loadScan(inFile, 0, scan, skip=True)
 76.            for i in range(num):   # num 個空読みする
 77.                self.sreader.loadScan(inFile, 0, scan, skip=True)
 78.
 79.        # オドメトリのよる地図構築
 80.        def mapByOdometry(self, scan):
 81.            pose = scan.pose
 82.            lps = scan.lps   # スキャン点群
 83.            glps_list = list()
 84.            for i in range(len(lps)):
 85.                lp = lps[i]
 86.                glp = LPoint2D()
 87.                pose.globalPoint_io(lp, glp)   # センサ座標系から地図座標系に変換
 88.                glps_list.append(glp)
 89.            glps = np.asarray(glps_list)
 90.
 91.            # 点群地図 pcmap にデータを格納
 92.            self.pcmap.addPose(pose)
 93.            self.pcmap.addPoints(glps)
 94.            self.pcmap.makeGlobalMap()
 95.
 96.        # スキャン描画
 97.        def showScans(self, inFile):
 98.            self.mdrawer.setRange(6)   # 描画範囲。スキャンが 6m 四方の場合
 99.            self.mdrawer.setAspectRatio(1.0)   # 描画時の x 軸と y 軸の比
100.            cnt = 0   # 処理の論理時刻
101.            if self.startN > 0:
102.                self.skipData(inFile, self.startN)   # startN までデータを読み飛ばす
103.            scan = Scan2D()
104.            eof = self.sreader.loadScan(inFile, cnt, scan)
105.            while eof is False:
106.                time.sleep(0.1)   # 描画が速すぎるため，描画間隔をあける
107.                self.mdrawer.drawScanGp(scan)   # スキャンデータの描画
108.                print("---- scan num=%d ----" % cnt)
109.                eof = self.sreader.loadScan(inFile, cnt, scan)
110.                cnt = cnt + 1
111.            self.sreader.closeScanFile(inFile)
112.            print("SlamLauncher finished.")
113.
114.        # スキャン読み込み
115.        def setFilename(self, filename):
116.            flag = self.sreader.openScanFile(filename)   # ファイルをオープン
117.            return flag
118.
119.
120. def main():
```

```
121.    argvs = sys.argv
122.    argc = len(argvs)
123.    if argc != 3:
124.        print("HowToWrite for this program: python slam_lancher.py FILE_NAME
            startN")
125.        return
126.    sl = SlamLauncher()
127.    inFile = sl.setFilename(sys.argv[1])
128.    startN = int(sys.argv[2])
129.    sl.setStartN(startN)
130.    print("data file: %s" % sys.argv[1])
131.    print("startN: %d" % startN)
132.    #    sl.showScans(inFile)
133.    #sl.setOdometryOnly(True)
134.    sl.setOdometryOnly(False)
135.    sl.run(inFile)
136.
137.
138. if __name__ == "__main__":
139.    main()
```

　後者（オドメトリ＋ICP）の場合、58行目でprocess関数（実体はslam_front_end.py（コード7-2））が実行される。コード7-1の60行目のif文は、24行目のdrawSkipで設定した処理回数（10回）ごとに、drawMapGp関数（実体はmap_drawer.py（コード7-3））を呼び出して、結果を描画するためのものである。

　この処理を繰り返し、データファイルを最終行まで読み終えたら、プログラムが終了する。

コード 7-2 [slam_front_end.py]

```
1. #!/usr/bin/python
2. # coding: utf-8
3. # This Python program is translated by Shuro Nakajima from the following C++
   software:
4. #  LittleSLAM (https://github.com/furo-org/LittleSLAM) written by Masahiro Tomono,
5. #   Future Robotics Technology Center (fuRo), Chiba Institute of Technology.
6. # This source code form is subject to the terms of the Mozilla Public License, v. 2.0.
7. # If a copy of the MPL was not distributed with this file, you can obtain one
8. #  at https://mozilla.org/MPL/2.0/.
9.
10. import numpy as np
11
12. from point_cloud_map import PointCloudMap
13. from covariance_calculator import CovarianceCalculator
14. from scan_matcher2d import ScanMatcher2D
15. from pose2d import Pose2D
16.
17.
18. # SLAM フロントエンド . ロボット位置推定 , 地図生成 , ループ閉じ込みを取り仕切る .
19. class SlamFrontEnd:
20.    def __init__(self, cnt=0, keyframeSkip=10, smat=None): # RasPiMouse
21.        self.cnt = cnt  # 論理時刻
```

```
22.        self.keyframeSkip = keyframeSkip    # キーフレーム間隔
23.        self.pcmap = PointCloudMap()    # 点群地図
24.        self.smat = smat if smat else ScanMatcher2D()    # スキャンマッチング
25.
26.    def setPointCloudMap(self, p):
27.        self.pcmap = p
28.
29.    def setRefScanMaker(self, r):
30.        self.smat.setRefScanMaker(r)
31.
32.    def setDgCheck(self, p):
33.        self.smat.setDgCheck(p)
34.
35.    def initialize(self):    # 初期化
36.        self.smat.reset()
37.        self.smat.setPointCloudMap(self.pcmap)
38.
39.    # 現在のスキャンデータ scan を処理する
40.    def process(self, scan):
41.        if self.cnt == 0:
42.            self.initialize()    # 開始時に初期化
43.        self.smat.setDgCheck(True)    # 退化処理をする場合 True
44.        #self.smat.setDgCheck(False)  # 退化処理をしない場合 False
45.        self.smat.matchScan(scan)    # スキャンマッチング
46.
47.        if self.cnt % self.keyframeSkip == 0:    # キーフレームのときだけ行う
48.            self.pcmap.makeGlobalMap()    # 点群地図の全体地図を生成
49.
50.        self.cnt += 1
```

コード7-3 ［map_drawer.py］

```
 1. #!/usr/bin/python
 2. # coding: utf-8
 3. # This Python program is translated by Shuro Nakajima from the following C++
    software:
 4. # LittleSLAM (https://github.com/furo-org/LittleSLAM) written by Masahiro Tomono,
 5. #   Future Robotics Technology Center (fuRo), Chiba Institute of Technology.
 6. # This source code form is subject to the terms of the Mozilla Public License, v. 2.0.
 7. # If a copy of the MPL was not distributed with this file, you can obtain one
 8. #  at https://mozilla.org/MPL/2.0/.
 9.
10. import PyGnuplot as gp
11. import numpy as np
12.
13. from l_point2d import LPoint2D
14. from pose2d import Pose2D
15.
16.
17. class MapDrawer:
18.     def __init__(self, xmin=-10., xmax=10., ymin=-10., ymax=10., aspectR=-1.):
19.         self.xmin = xmin  # viewer range
20.         self.xmax = xmax
21.         self.ymin = ymin
```

```
22.         self.ymax = ymax
23.         self.aspectR = aspectR  # xy ratio
24.
25.     def setAspectRatio(self, a):
26.         self.aspectR = a
27.         gp.c("set size ratio %lf" % (self.aspectR))
28.         gp.c("set grid")
29.         gp.c("set tics font ',20'")
30.
31.     # 描画範囲を R 四方にする
32.     def setRange(self, R):
33.         self.xmin = self.ymin = -R
34.         self.xmax = self.ymax = R
35.         gp.c("set xrange [%lf:%lf]" % (self.xmin, self.xmax))
36.         gp.c("set yrange [%lf:%lf]" % (self.ymin, self.ymax))
37.
38.     # 地図と軌跡を描画
39.     def drawMapGp(self, pcmap):
40.         self.drawGp(pcmap.globalMap, pcmap.poses)
41.
42.     # スキャン 1 個を描画
43.     def drawScanGp(self, scan):
44.         poses = np.array([Pose2D()])
45.         self.drawGp(scan.lps, poses)
46.
47.     # ロボット軌跡だけを描画
48.     def drawTrajectoryGp(self, poses):
49.         lps = np.array([LPoint2D()])
50.         self.drawGp(lps, poses)
51.
52.     def drawGp(self, lps, poses):
53.         gp.c("plot '-' w p pt 7 ps 1.5 lc rgb 0x0, '-' w vector") # gnuplot 設定
54.
55.         # 点群の描画
56.         step1 = 1   # 点の間引き間隔．描画が重いとき大きくする
57.         num = len(lps)
58.         for i in range(0, num, step1):
59.             lp = lps[i]
60.             gp.c("%lf %lf" % (lp.x, lp.y))   # 点の描画
61.         gp.c("e")
62.
63.         # ロボット軌跡の描画
64.         step2 = 10 #10   # ロボット位置の間引き間隔
65.         num = len(poses)
66.         for i in range(0, num, step2):
67.             pose = poses[i]
68.             cx = pose.tx   # 並進位置
69.             cy = pose.ty
70.             cs = pose.Rmat[0, 0]   # 回転角による cos
71.             sn = pose.Rmat[1, 0]   # 回転角による sin
72.
73.             # ロボット座標系の位置と向きを描く
74.             dd = 0.4 # 1 for big arrow
75.             x1 = cs * dd   # ロボット座標系の x 軸
```

```
76.            y1 = sn * dd
77.            x2 = -sn * dd   # ロボット座標系の y 軸
78.            y2 = cs * dd
79.            gp.c("%lf %lf %lf %lf" % (cx, cy, x1, y1))
80.            gp.c("%lf %lf %lf %lf" % (cx, cy, x2, y2))
81.        gp.c("e")
```

では process 関数の流れを見てみよう。

　process 関数は slam_front_end.py（コード 7-2）の 40 行目〜最終行までである。43 行目の setDgCheck を True とすることで、オドメトリデータと融合させる設定とし、ICP によるスキャンマッチングが不得意な単調な廊下などでの性能の補完をすることにする。そして 45 行目で matchScan 関数（実体は scan_matcher2d.py（コード 7-4））によりスキャンマッチングを行う。コード 7-2 の 47 行目で keyframeSkip として 20 行目で設定した処理回数（10 回）ごとに、makeGlobalMap 関数（実体は point_cloud_map.py（コード 7-5））を呼び出し、地図を生成する。

コード 7-4 ［scan_matcher2d.py］

```
 1. #!/usr/bin/python
 2. # coding: utf-8
 3. # This Python program is translated by Shuro Nakajima from the following C++
    software:
 4. #  LittleSLAM (https://github.com/furo-org/LittleSLAM) written by Masahiro Tomono,
 5. #   Future Robotics Technology Center (fuRo), Chiba Institute of Technology.
 6. # This source code form is subject to the terms of the Mozilla Public License, v. 2.0.
 7. # If a copy of the MPL was not distributed with this file, you can obtain one
 8. #  at https://mozilla.org/MPL/2.0/.
 9.
10. import numpy as np
11. import math
12. import copy
13.
14. from l_point2d import LPoint2D, ptype
15. from pose2d import Pose2D
16. from scan2d import Scan2D
17. from point_cloud_map import PointCloudMap
18. from covariance_calculator import CovarianceCalculator
19. from ref_scan_maker import RefScanMaker
20. from scan_point_resampler import ScanPointResampler
21. from scan_point_analyser import ScanPointAnalyser
22. from pose_estimator import PoseEstimatorICP
23. from pose_fuser import PoseFuser
24.
25.
26. # ICP を用いてスキャンマッチングを行う
27. class ScanMatcher2D:
28.     def __init__(
29.         self,
30.         cnt=-1,
31.         prevScan=None,
32.         initPose=None,
```

- 78 -

```
33.        scthre=1.0,
34.        nthre=50,
35.        dgcheck=False,
36.        pcmap=None,
37.        spres=None,
38.        spana=None,
39.        estim=None,
40.        rsm=None,
41.        pfu=None,
42.        cov=None,
43.    ):
44.        self.cnt = cnt   # 論理時刻．スキャン番号に対応
45.        self.prevScan = prevScan if prevScan else Scan2D()   # 1つ前のスキャン
46.        self.initPose = initPose if initPose else Pose2D()   # 地図の原点の位置．通常 (0,0,0)
47.        self.scthre = scthre   # スコア閾値．これより大きいと ICP 失敗とみなす
48.        self.nthre = nthre   # 使用点数閾値．これより小さいと ICP 失敗とみなす
49.        self.dgcheck = dgcheck   # 退化処理をするか
50.        self.pcmap = pcmap if pcmap else PointCloudMap()   # 点群地図
51.        self.spres = spres if spres else ScanPointResampler()   # スキャン点間隔均一化
52.        self.spana = spana if spana else ScanPointAnalyser()   # スキャン点法線計算
53.        self.estim = estim if estim else PoseEstimatorICP()   # ロボット位置推定器
54.        self.rsm = rsm if rsm else RefScanMaker()   # 参照スキャン生成
55.        self.pfu = pfu if pfu else PoseFuser()   # センサ融合器
56.        self.cov = cov if cov else np.eye(3)   # ロボット移動量の共分散行列
57.
58.    def setRefScanMaker(self, r):
59.        self.rsm = r
60.        if len(self.pcmap) != 0:
61.            self.rsm.setPointCloudMap(self.pcmap)
62.
63.    def setPointCloudMap(self, m):
64.        self.pcmap = m
65.        self.rsm.setPointCloudMap(self.pcmap)
66.
67.    def reset(self):
68.        self.cnt = -1
69.
70.    def setDgCheck(self, t):
71.        self.dgcheck = t
72.
73.    # スキャンマッチングの実行
74.    def matchScan(self, curScan):
75.        self.cnt = self.cnt + 1
76.        self.spres.resamplePoints(curScan)   # スキャン点間隔を均一化する
77.        self.spana.analysePoints(curScan.lps)   # スキャン点の法線を計算する
78.        # 最初のスキャンは単に地図に入れるだけ
79.        if self.cnt == 0:
80.            self.growMap(curScan, self.initPose)
81.            self.prevScan = curScan   # 直前スキャンの設定
82.            return True
83.        # データファイルに入っているオドメトリ値を用いて移動量を計算する
84.        odoMotion = Pose2D()   # オドメトリに基づく移動量用
85.        odoMotion = curScan.pose.calRelativePose(self.prevScan.pose, odoMotion)   #
       前スキャンとの相対位置が移動量
```

```
 86.         lastPose = self.pcmap.getLastPose()  # 直前位置
 87.         predPose = Pose2D()  # オドメトリによる予測位置用
 88.         predPose = Pose2D.calGlobalPose(odoMotion, lastPose, predPose)  # 直前位置に移
動量を加えて予測位置を得る
 89.         refScan = self.rsm.makeRefScanLM()  # 参照スキャンの生成 地図の点群を用いる
 90.
 91.         self.estim.setScanPair_scan2d_GT(curScan, refScan)  # ICP にスキャンを設定
 92.
 93.         estPose = Pose2D()  # ICP による推定位置用
 94.         score, estPose = self.estim.estimatePose(predPose, estPose)  # 予測位置を初期値
にして ICP を実行
 95.         usedNum = self.estim.getUsedNum()
 96.
 97.         # スキャンマッチングに成功したかどうか
 98.         if score <= self.scthre and usedNum >= self.nthre:  # スコアが閾値より小さければ成
功とする
 99.             successful = True
100.         else:
101.             successful = False
102.
103.         if self.dgcheck:  # 退化の対処をする場合
104.             if successful:
105.                 fusedPose = Pose2D()  # 融合結果用
106.                 fusedCov = np.eye(3)  # センサ融合後の共分散用
107.                 self.pfu.setRefScan(refScan)
108.                 # センサ融合器 pfu で、ICP 結果とオドメトリ値を融合する
109.                 estPose, self.cov = self.pfu.fusePose(curScan, estPose, odoMotion,
                    lastPose, fusedPose, fusedCov)
110.             else:  # ICP 成功でなければオドメトリによる予測位置を使う
111.                 estPose = predPose
112.         else:  # 退化の対処をしない場合（基本的には ICP による推定位置を使う）
113.             if not successful:
114.                 estPose = predPose  # ICP が使えない時はオドメトリによる予測位置を使う
115.         self.growMap(curScan, estPose)  # 地図にスキャン点群を追加
116.         self.prevScan = copy.deepcopy(curScan)  # 直前スキャンの設定
117.
118.         return successful
119.
120.     # 現在スキャンを追加して、地図を成長させる
121.     def growMap(self, scan, pose):
122.         lps = scan.lps  # スキャン点群（ロボット座標系）
123.         R = pose.Rmat  # 推定したロボット位置
124.         tx = pose.tx
125.         ty = pose.ty
126.
127.         scanG_list = list()
128.         for i in range(len(lps)):
129.             lp = lps[i]
130.             if lp.type == ptype.ISOLATE:  # 孤立点（法線なし）は除外
131.                 continue
132.             x = R[0, 0] * lp.x + R[0, 1] * lp.y + tx  # 地図座標系に変換
133.             y = R[1, 0] * lp.x + R[1, 1] * lp.y + ty
134.             nx = R[0, 0] * lp.nx + R[0, 1] * lp.ny  # 法線ベクトルも変換
135.             ny = R[1, 0] * lp.nx + R[1, 1] * lp.ny
```

```
136.
137.            mlp = LPoint2D(self.cnt, x, y)    # 新規に点を生成
138.            mlp.setNormal(nx, ny)
139.            mlp.setType(lp.type)
140.            scanG_list.append(mlp)
141.        scanG = np.asarray(scanG_list)
142.
143.        # 点群地図 pcmap に登録
144.        self.pcmap.addPose(pose)
145.        self.pcmap.addPoints(scanG)
146.        self.pcmap.setLastScan(scan)    # 参照スキャン用に保存
147.        self.pcmap.makeLocalMap()    # 局所地図を生成
148.        self.pcmap.setLastPose(pose)
```

コード 7-5 [point_cloud_map.py]

```python
1. #!/usr/bin/python
2. # coding: utf-8
3. # This Python program is translated by Shuro Nakajima from the following C++
   software:
4. # LittleSLAM (https://github.com/furo-org/LittleSLAM) written by Masahiro Tomono,
5. #   Future Robotics Technology Center (fuRo), Chiba Institute of Technology.
6. # This source code form is subject to the terms of the Mozilla Public License, v. 2.0.
7. # If a copy of the MPL was not distributed with this file, you can obtain one
8. #  at https://mozilla.org/MPL/2.0/.
9.
10. import numpy as np
11. import math
12. import copy
13.
14. from pose2d import Pose2D
15. from scan2d import Scan2D
16. from nn_grid_table import NNGridTable
17.
18.
19. # 部分地図
20. class Submap:
21.     def __init__(self, atdS=0.0, cntS=0, cntE=-1, mps=None):
22.         self.atdS = atdS  # 部分地図の始点での累積走行距離
23.         self.cntS = cntS  # 部分地図の最初のスキャン番号
24.         self.cntE = cntE  # 部分地図の最後のスキャン番号
25.         self.mps = mps if mps else np.empty(0)  # 部分地図内のスキャン点群
            vector<LPoint2D>
26.
27.     def addPoints(self, lps):
28.         mps_list = self.mps.tolist()
29.         for i in range(len(lps)):
30.             mps_list.append(lps[i])
31.         self.mps = np.asarray(mps_list)
32.
33.     # 格子テーブルを用いて部分地図の代表点を得る
34.     def subsamplePoints(self, nthre):
35.         nntab = NNGridTable()  # 格子テーブル
```

```
36.         for i in range(len(self.mps)):
37.             lp = self.mps[i]
38.             nntab.addPoint(lp)   # 全点を登録
39.         sps = np.empty(0)
40.         sps = nntab.makeCellPoints(nthre, sps)   # nthre 個以上のセルの代表点を sps に入れる
41.         return sps
42.
43. # 点群地図の基底クラス
44. class PointCloudMap:
45.     MAX_POINT_NUM = 1000000   # globalMap の最大点数
46.
47.     def __init__(
48.         self,
49.         nthre=5, # nthre=0,
50.         poses=None,
51.         lastPose=None,
52.         lastScan=None,
53.         globalMap=None,
54.         localMap=None,
55.         nntab=None,
56.         atdThre=5.,
57.         atd=0.,
58.         submaps=None
59.     ):
60.         # 格子テーブルセル点数閾値 (GT と LP のみ)
61.         self.nthre = nthre
62.         # ロボット軌跡
63.         self.poses = poses if poses else np.empty([0, 0])
64.         # 最後に推定したロボット位置
65.         self.lastPose = lastPose if lastPose else Pose2D()
66.         # 最後に処理したスキャン
67.         self.lastScan = lastScan if lastScan else Scan2D()
68.         # 全体地図．間引き後の点
69.         self.globalMap = globalMap if globalMap else np.empty(self.MAX_POINT_NUM)
70.         # 現在位置近傍の局所地図．スキャンマッチングに使う
71.         self.localMap = localMap if localMap else np.empty(0)
72.         # for 格子テーブルを用いた点群地図
73.         self.nntab = nntab if nntab else NNGridTable()
74.         # 部分地図の区切りとなる累積走行距離 (atd)[m]
75.         self.atdThre = atdThre
76.         # 現在の累積走行距離 (accumulated travel distance)
77.         self.atd = atd
78.         # 部分地図
79.         self.submaps = submaps if submaps else np.array([Submap()])
80.
81.     def setLastPose(self, pose2d):
82.         self.lastPose = copy.deepcopy(pose2d)
83.
84.     def getLastPose(self):
85.         return self.lastPose
86.
87.     def setLastScan(self, scan2d):
88.         self.lastScan = copy.deepcopy(scan2d)
89.
```

```
90.        # ロボット位置の追加
91.    def addPose(self, pose2d):
92.        # 累積走行距離 (atd) の計算
93.        if len(self.poses) > 0:
94.            pp = self.poses[-1]
95.            self.atd = self.atd + math.sqrt((pose2d.tx - pp.tx) * (pose2d.tx -
               pp.tx) + (pose2d.ty - pp.ty) * (pose2d.ty - pp.ty))
96.        else:
97.            self.atd = self.atd + math.sqrt(pose2d.tx * pose2d.tx + pose2d.ty *
               pose2d.ty)
98.        self.poses = np.append(self.poses, copy.deepcopy(pose2d))
99.
100.       # スキャン点群の追加 LP
101.   def addPoints(self, vector_l_point2d):
102.       curSubmap = self.submaps[-1]  # 現在の部分地図
103.       if self.atd - curSubmap.atdS >= self.atdThre:   # 累積走行距離が閾値を超えたら新しい
              部分地図に変える
104.           size = len(self.poses)
105.           curSubmap.cntE = size - 1  # 部分地図の最後のスキャン番号
106.           curSubmap.mps = curSubmap.subsamplePoints(self.nthre)  # 終了した部分地図は
                  代表点のみにする（軽量化）
107.           submap = Submap(self.atd, size)  # 新しい部分地図
108.           submap.addPoints(vector_l_point2d)  # スキャン点群の登録
109.           self.submaps = np.append(self.submaps, submap)  # 部分地図を追加
110.       else:
111.           curSubmap.addPoints(vector_l_point2d)  # 現在の部分地図に点群を追加
112.
113.       # 全体地図の生成．局所地図もここでいっしょに作った方が速い LP
114.   def makeGlobalMap(self):
115.       self.globalMap = np.empty(self.MAX_POINT_NUM)  # 初期化
116.       self.localMap = np.empty(0)  # 初期化
117.       globalMap_list = list()
118.       localMap_list = list()
119.
120.       # 現在以外のすでに確定した部分地図から点を集める
121.       num = len(self.submaps) - 1
122.       for i in range(num):
123.           submap = self.submaps[i]  # 部分地図
124.           mps = submap.mps  # 部分地図の点群．代表点だけになっている
125.           num2 = len(mps)
126.           for j in range(num2):
127.               globalMap_list.append(mps[j])  # 全体地図には全点入れる
128.           if i == len(self.submaps) - 2:  # 局所地図には最後の部分地図だけ入れる
129.               for j in range(num2):
130.                   localMap_list.append(mps[j])
131.
132.       # 現在の部分地図の代表点を全体地図と局所地図に入れる
133.       curSubmap = self.submaps[-1]  # 現在の部分地図
134.       sps = curSubmap.subsamplePoints(self.nthre)  # 代表点を得る
135.       for i in range(len(sps)):
136.           globalMap_list.append(sps[i])  # 全体地図には全点入れる
137.           localMap_list.append(sps[i])
138.       self.globalMap = np.asarray(globalMap_list)
139.       self.localMap = np.asarray(localMap_list)
```

```
140.
141.     # 局所地図生成 LP
142.     def makeLocalMap(self):
143.         self.localMap = np.empty(0)   # 初期化
144.         localMap_list = list()
145.         if len(self.submaps) >= 2:
146.             submap = self.submaps[len(self.submaps) - 2]   # 直前の部分地図だけ使う
147.             mps = submap.mps   # 部分地図の点群．代表点だけになっている
148.             num = len(mps)
149.             localMap_list = [mps[i] for i in range(num)]
150.         # 現在の部分地図の代表点を局所地図に入れる
151.         curSubmap = self.submaps[-1]   # 現在の部分地図
152.         sps = curSubmap.subsamplePoints(self.nthre)   # 代表点を得る
153.         for i in range(len(sps)):
154.             localMap_list.append(sps[i])
155.         self.localMap = np.asarray(localMap_list)
```

　ここでは process 関数処理の本流である matchScan 関数を見てみよう。matchScan 関数は scan_matcher2d.py（コード7-4）の74〜118行目にある。

　85行目で odoMotion 変数に1処理期間（Raspberry Pi Mouse では dT=0.1 s、TurtleBot3 では dT=0.2 s）で移動した微小距離を入れる。calRelativePose 関数（実体は pose2d.py（コード7-6））は相対距離を求める関数であるが、データファイルには、オドメトリの積算距離が保存されているため、1周期前のデータと現在のデータの相対距離（差分）が、微小時間に移動した距離に相当するため、この関数を用いて微小距離を計算している。

　88行目の calGlobalPose 関数（実体は pose2d.py（コード7-6））により、1周期前の位置に対して微小移動量を足した上で座標変換を行い、オドメトリデータによる自己位置推定値を求めて、その位置を predPose とする。

コード7-6 [pose2d.py]

```
 1. #!/usr/bin/python
 2. # coding: utf-8
 3. # This Python program is translated by Shuro Nakajima from the following C++
    software:
 4. #  LittleSLAM (https://github.com/furo-org/LittleSLAM) written by Masahiro Tomono,
 5. #   Future Robotics Technology Center (fuRo), Chiba Institute of Technology.
 6. # This source code form is subject to the terms of the Mozilla Public License, v. 2.0.
 7. # If a copy of the MPL was not distributed with this file, you can obtain one
 8. #   at https://mozilla.org/MPL/2.0/.
 9.
10. import numpy as np
11. import math
12.
13. from my_util import DEG2RAD
14. from l_point2d import LPoint2D
15.
16.
17. class Pose2D:
18.     def __init__(self, tx=0., ty=0., th=0.):
```

```
19.         self.tx = tx
20.         self.ty = ty
21.         self.th = th
22.         self.Rmat = np.eye(2)
23.         self.calRmat()
24.
25.     def setVal(self, x, y, a):
26.         self.tx = x
27.         self.ty = y
28.         self.th = a
29.         self.calRmat()
30.
31.     def calRmat(self):
32.         a = DEG2RAD(self.th)
33.         self.Rmat[0, 0] = self.Rmat[1, 1] = math.cos(a)
34.         self.Rmat[1, 0] = math.sin(a)
35.         self.Rmat[0, 1] = -self.Rmat[1, 0]
36.
37.     def setAngle(self, th):
38.         self.th = th
39.
40.     # グローバル座標系での点 p を，自分（Pose2D）の局所座標系に変換
41.     def relativePoint(self, l_point2d):
42.         dx = l_point2d.x - self.tx
43.         dy = l_point2d.y - self.ty
44.         x = dx * self.Rmat[0, 0] + dy * self.Rmat[1, 0]     # 回転の逆行列
45.         y = dx * self.Rmat[0, 1] + dy * self.Rmat[1, 1]
46.         return LPoint2D(l_point2d.sid, x, y)
47.
48.     # 自分（Pose2D）の局所座標系での点 p をグローバル座標系に変換
49.     def globalPoint(self, l_point2d):
50.         x = self.Rmat[0, 0] * l_point2d.x + self.Rmat[0, 1] * l_point2d.y + self.tx
51.         y = self.Rmat[1, 0] * l_point2d.x + self.Rmat[1, 1] * l_point2d.y + self.ty
52.         return LPoint2D(l_point2d.sid, x, y)
53.
54.     # 自分（Pose2D）の局所座標系での点 p をグローバル座標系に変換して po に入れる
55.     def globalPoint_io(self, l_point2d_i, l_point2d_o):
56.         l_point2d_o.x = self.Rmat[0, 0] * l_point2d_i.x + self.Rmat[0, 1] * l_
            point2d_i.y + self.tx
57.         l_point2d_o.y = self.Rmat[1, 0] * l_point2d_i.x + self.Rmat[1, 1] * l_
            point2d_i.y + self.ty
58.
59.     # 基準座標系 bpose から見た現座標系 npose の相対位置 relPose を求める（Inverse compounding
    operator）
60.     # t-1 から t の間に移動した量を t-1 の座標系で表す
61.     def calRelativePose(self, b_pose, rel_pose):
62.         # 並進
63.         dx = self.tx - b_pose.tx
64.         dy = self.ty - b_pose.ty
65.         rel_pose.tx = b_pose.Rmat[0][0] * dx + b_pose.Rmat[1][0] * dy
66.         rel_pose.ty = b_pose.Rmat[0][1] * dx + b_pose.Rmat[1][1] * dy
67.
68.         # 回転
69.         th = self.th - b_pose.th
```

```
70.        if th < -180:
71.            th += 360
72.        elif th >= 180:
73.            th -= 360
74.        rel_pose.th = th
75.        rel_pose.calRmat()
76.        return rel_pose
77.
78.    # 基準座標系 bpose から相対位置 relPose だけ進んだ座標系 npose を求める (Compounding operator)
79.    @staticmethod
80.    def calGlobalPose(rel_pose, b_pose, n_pose):
81.        # 並進
82.        tx = rel_pose.tx
83.        ty = rel_pose.ty
84.        n_pose.tx = b_pose.Rmat[0][0] * tx + b_pose.Rmat[0][1] * ty + b_pose.tx
85.        n_pose.ty = b_pose.Rmat[1][0] * tx + b_pose.Rmat[1][1] * ty + b_pose.ty
86.
87.        # 角度
88.        th = b_pose.th + rel_pose.th
89.        if th < -180:
90.            th += 360
91.        elif th >= 180:
92.            th -= 360
93.        n_pose.th = th
94.        n_pose.calRmat()
95.
96.        return n_pose
```

　その後、94行目（コード7-4）で estimatePose 関数（実体は pose_estimator.py（コード7-7））により ICP スキャンマッチングによる自己位置推定値を求め、求めた推定値を estPose とする。

コード 7-7　[pose_estimator.py]

```
 1. #!/usr/bin/python
 2. # coding: utf-8
 3. # This Python program is translated by Shuro Nakajima from the following C++
    software:
 4. #  LittleSLAM (https://github.com/furo-org/LittleSLAM) written by Masahiro Tomono,
 5. #   Future Robotics Technology Center (fuRo), Chiba Institute of Technology.
 6. # This source code form is subject to the terms of the Mozilla Public License, v. 2.0.
 7. # If a copy of the MPL was not distributed with this file, you can obtain one
 8. #  at https://mozilla.org/MPL/2.0/.
 9.
10. import math
11.
12. from pose2d import Pose2D
13. from scan2d import Scan2D
14. from pose_optimizer import PoseOptimizer
15. from data_associator import DataAssociator
16.
17.
18. class PoseEstimatorICP:
```

```
19.    def __init__(self, curScan=None, usedNum=0, pnrate=0., popt=None, dass=None):
20.        self.curScan = curScan if curScan else Scan2D()
21.        self.usedNum = usedNum
22.        self.pnrate = pnrate
23.        self.popt = popt if popt else PoseOptimizer()
24.        self.dass = dass if dass else DataAssociator()
25.
26.    def getUsedNum(self):
27.        return self.usedNum
28.
29.    def setScanPair_scan2d_GT(self, c, r):
30.        self.curScan = c
31.        self.dass.setRefBaseGT(r.lps)   # データ対応づけのために参照スキャン点を登録
32.
33.    # 初期値 initPose を与えて ICP によりロボット位置の推定値 estPose を求める
34.    def estimatePose(self, initPose, estPose):
35.        evmin = math.inf   # コスト最小値．初期値は大きく
36.        evthre = 0.000001  # コスト変化閾値．変化量がこれ以下なら繰り返し終了．この値を大きくするにつ
               れ良い結果が出なくなる
37.        self.popt.setEvthre(evthre*0.1) # 実際には設定値は試行錯誤的
38.        self.popt.setEvlimit(0.2)   # evlimit は外れ値の閾値 [m]
39.        ev = 0.   # コスト
40.        evold = evmin   # 1つ前の値．収束判定のために使う
41.        pose = initPose
42.        poseMin = initPose
43.        for i in range(100):   # i<100 は振動対策，ただし i=200 など繰り返し数を多くすると質が上が
               る場合もある．試行錯誤的な部分あり.
44.            if i > 0:
45.                evold = ev
46.            mratio, pose = self.dass.findCorrespondenceGT(self.curScan, pose)   # デ
                   ータ対応づけ
47.            newPose = Pose2D()
48.            self.popt.setPoints(self.dass.curLps, self.dass.refLps)  # 対応結果を渡す
49.            ev, newPose = self.popt.optimizePoseSL(pose, newPose)   # その対応づけにおい
                   てロボット位置の最適化
50.            pose = newPose
51.            if ev < evmin:   # コスト最小結果を保存
52.                poseMin = newPose
53.                evmin = ev
54.            if evold > ev and evold - ev < evthre:
55.                break
56.            elif ev > evold  and ev - evold < evthre:
57.                break
58.        self.pnrate = self.popt.getPnrate()
59.        self.usedNum = len(self.dass.curLps)
60.        estPose = poseMin
61.        return evmin, estPose
```

　103 行目（コード 7-4）で dgcheck 変数の値（slam_front_end.py（コード 7-2）の 43、44 行目で設定さ
れる）により、「ICP の退化への対処をするか（つまり ICP+ オドメトリによる自己位置推定を行う
か）」、「ICP だけで自己位置推定を行うか」の分岐がある。退化への対処をする場合には、コード
7-4 の 109 行目の fusePose 関数（実体は pose_fuser.py（コード 7-8））により、ICP による自己位置推定

とオドメトリによる自己位置推定を二つの正規分布とみなして、それら二つの正規分布を融合することで、自己位置推定値を求める。求めた推定値がestPoseの値となる。なお、110、111行目でICPスキャンマッチングが失敗した場合（ある閾値よりもマッチング度合いが低い場合）には、ICPスキャンマッチングの結果は使わずに、オドメトリによる自己位置推定値のみを使うことにしている。

115行目（コード7-4）で、ここまでの処理で推定した自己位置とスキャンデータを、地図データに追加する。

コード 7-8 [pose_fuser.py]

```
1. #!/usr/bin/python
2. # coding: utf-8
3. # This Python program is translated by Shuro Nakajima from the following C++
   software:
4. #  LittleSLAM (https://github.com/furo-org/LittleSLAM) written by Masahiro Tomono,
5. #   Future Robotics Technology Center (fuRo), Chiba Institute of Technology.
6. # This source code form is subject to the terms of the Mozilla Public License, v. 2.0.
7. # If a copy of the MPL was not distributed with this file, you can obtain one
8. #  at https://mozilla.org/MPL/2.0/.
9.
10. import numpy as np
11. import math
12.
13. from my_util import RAD2DEG, DEG2RAD
14. from pose2d import Pose2D
15. from data_associator import DataAssociator
16. from covariance_calculator import CovarianceCalculator
17.
18.
19. # センサ融合器．ICPとオドメトリの推定値を融合する
20. class PoseFuser:
21.     def __init__(self, ecov=None, mcov=None, totalCov=None, dass=None, cvc=None):
22.         self.ecov = ecov if ecov else np.zeros((3, 3))   # ICPの共分散行列
23.         self.mcov = mcov if mcov else np.zeros((3, 3))   # オドメトリの共分散行列
24.         self.totalCov = totalCov if totalCov else np.zeros((3, 3))
25.         self.dass = dass if dass else DataAssociator()   # データ対応づけ器
26.         self.cvc = cvc if cvc else CovarianceCalculator()   # 共分散計算器
27.
28.     def setRefScan(self, refScan):
29.         self.dass.setRefBaseGT(refScan.lps)
30.
31.     # 逐次SLAM用のセンサ融合．逐次SLAMでのICPとオドメトリの推定移動量を融合する．
32.     # dassに参照スキャンを入れておくこと．covに移動量の共分散行列が入る
33.     def fusePose(self, curScan, estPose, odoMotion, lastPose, fusedPose, fusedCov):
34.         # ICPの共分散
35.         # 推定位置estPoseで現在スキャン点群と参照スキャン点群の対応づけ
36.         mratio, estPose = self.dass.findCorrespondenceGT(curScan, estPose)
37.         # ここで得られるのは地図座標系での位置の共分散
38.         self.ecov = self.cvc.calIcpCovariance(estPose, self.dass.curLps, self.dass.
           refLps, self.ecov)
39.
40.         # オドメトリの位置と共分散
41.         predPose = Pose2D()   # 予測位置用
```

```
42.        # 直前位置 lastPose に移動量を加えて予測位置を計算
43.        predPose = Pose2D.calGlobalPose(odoMotion, lastPose, predPose)
44.        mcovL = np.zeros((3, 3))
45.        dT = 0.1 # 0.1(Raspberry Pi Mouse), 0.2(TurtleBot3)
46.        # オドメトリによる移動量の簡易的な共分散
47.        mcovL = self.cvc.calMotionCovarianceSimple(odoMotion, dT, mcovL)
48.
49.        # 現在位置 estPose で回転させて地図座標系での共分散 mcov を得る
50.        self.mcov = CovarianceCalculator.rotateCovariance(estPose, mcovL, self.
           mcov, False)
51.        # ecov, mcov, cov ともに lastPose を原点とした局所座標系での値
52.        mu1 = np.array([estPose.tx, estPose.ty, DEG2RAD(estPose.th)])  # ICP による推定値
53.        mu2 = np.array([predPose.tx, predPose.ty, DEG2RAD(predPose.th)])  # オドメトリ
           による推定値
54.        mu = np.empty(3, dtype=float)
55.      mu, fusedCov = self.fuse(mu1, self.ecov, mu2, self.mcov, mu, fusedCov)  # 2
           つの正規分布の融合
56.        fusedPose.setVal(mu[0], mu[1], RAD2DEG(mu[2]))  # 融合した移動量を格納
57.        print("fusedPose: tx=%f ty=%f th=%f" % (fusedPose.tx, fusedPose.ty,
           fusedPose.th))
58.
59.        return fusedPose, fusedCov
60.
61.    # ガウス分布の融合
62.    # 2 つの正規分布を融合する．mu は平均，cv は共分散．
63.    def fuse(self, mu1, cv1, mu2, cv2, mu, cv):
64.        # 共分散行列の融合
65.        IC1 = np.linalg.inv(cv1)
66.        IC2 = np.linalg.inv(cv2)
67.        IC = IC1 + IC2
68.        cv = np.linalg.inv(IC)
69.        # 角度の補正．融合時に連続性を保つため
70.        mu11 = mu1    # ICP の方向をオドメトリに合せる
71.        da = mu2[2] - mu1[2]
72.        if da > math.pi:
73.            mu11[2] += 2 * math.pi
74.        elif da < -math.pi:
75.            mu11[2] -= 2 * math.pi
76.        # 平均の融合
77.        nu1 = np.dot(IC1, mu11)
78.        nu2 = np.dot(IC2, mu2)
79.        nu3 = nu1 + nu2
80.        mu = np.dot(cv, nu3)
81.        # 角度の補正 (-pi, pi) に収める
82.        if mu[2] > math.pi:
83.            mu[2] -= 2 * math.pi
84.        elif mu[2] < -math.pi:
85.            mu[2] += 2 * math.pi
86.
87.        return mu, cv
```

　骨格部分となる大きな処理の流れは以上となる。図7-5にこの主要な処理の流れをまとめたので、まずは大きな流れをしっかりとつかんでほしい。

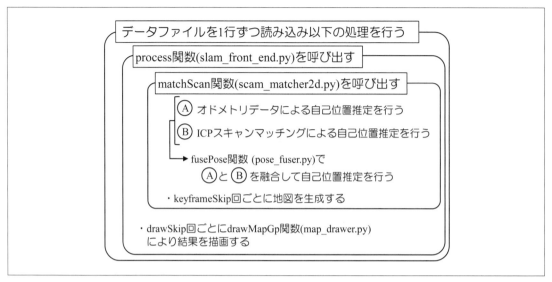

〔図7-5〕主要な処理の流れ

7－3節　処理の内容

　では次に、もう少し詳細な処理の内容を見てみよう。

　まずは地図データの構造を確認しよう。地図データは scan_matcher2d.py（コード7-4）の121行目〜最終行にある growMap 関数により各処理周期でデータを追加している。growMap 関数内で行っていることは、ある位置でのスキャンデータを地図座標系に変換した上で、地図データとして追加することである。具体的には144行目でロボットの位置を追加し、145行目でその時のスキャンデータを追加する。そして147行目で局所地図を更新する。

　ここで局所地図という表現が出てきたので、地図の管理構造について説明しよう。

　本書では、地図には全体地図（GlobalMap）と局所地図（LocalMap）があり、それらを作成するときの要素部品になるサブマップ（Submap）がある（図7-6）。全体地図と局所地図がPointCloudMap クラスの変数として、サブマップが Submap クラスの変数として point_cloud_map.py（コード7-5）で管理されている。

　ICP スキャンマッチングを行う際に、既存の地図と現在のスキャンデータのマッチングを行うわけだが、ロボットの位置は連続的に変わるため、先ほどいた位置からそれほど場所が変わらない位置でスキャンデータがマッチングするはずである。つまり、既存の地図と現在のスキャンデータのマッチングを行う際に、既存の地図がかなり広いエリアのものであったとしても、既存の地図の中の今いる位置付近でマッチングする場所を探すのが効率がよい。そう考えると、今まで作成した地図全体を一枚の地図として管理し、全体地図一枚を常に使うよりは、局所地図として、ある程度の範囲で区切った地図で処理を行った方が、処理速度やメモリ容量を考えたときにメリットがありそうである。

　そのため本書では、ロボットの積算移動距離に閾値を設けて、ある積算移動距離ごとに新たな

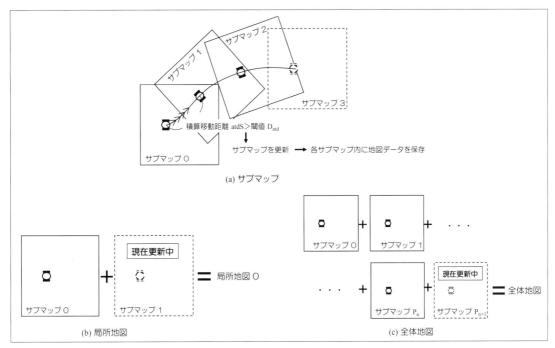

〔図 7-6〕全体地図、局所地図、サブマップの関係

サブマップを作成し、管理する。全体地図と局所地図は、このサブマップを要素として作成する。

7−3−1節　サブマップ

　では、サブマップについてもう少し説明しよう。

　サブマップの実態は、障害物の場所の座標が保存されたファイルである。障害物の位置はレーザレンジセンサの反射した点の座標であり、つまり、ロボットの位置を基準にすると、スキャンデータの座標である。そのため、地図座標系におけるロボットの位置とその時のスキャンデータがわかれば、地図座標系における障害物の位置を計算することができ、サブマップにはそれ（地図座標系での障害物位置）を保存する。そしてロボットの積算移動距離を計算し、積算移動距離が、ある閾値を超えたら今のサブマップは保存し、新しいサブマップを作成する。

　この「保存されているサブマップと現在更新中のサブマップをすべて足し合わせたもの」が全体地図であり、「一つ前に作成したサブマップと現在更新中のサブマップを足したもの」が局所地図である。

　なぜ「局所地図を『一つ前のサブマップ』＋『現在更新中のサブマップ』にするのか」というと、作成直後のサブマップはデータ数が０であり、十分なデータ数がない状態が作成直後にできてしまうからである。結局、局所地図のデータ数はサブマップ1〜2個分ということになり、スキャンデータとの比較対象データとして局所地図を使う場合にも、スキャンマッチングが適切に機能する程度の処理量にできる。

上記に関して、いくつかのプログラムを眺めつつ、別な角度からも理解を深めてみよう。

まずは point_cloud_map.py（コード7-5）を見てみよう。

20〜41行目に Submap クラスが定義されている。Submap クラスはスキャン点群を格納する変数として mps を持つ。

34〜41行目の subsamplePoints 関数は格子テーブルを用いてスキャン点群を管理するためのものである。38行目において、サブマップに登録してある点群 mps をいったん格子テーブル（実体は nn_grid_table.py（コード7-9））に登録し、40行目の makeCellPoints 関数（実体は nn_grid_table.py の NNGridTable クラス）により、各格子に対してスキャン点の代表点を求めている[2]。この関数は、point_cloud_map.py において、全体地図作成時、局所地図作成時、サブマップ更新時に呼ばれる。

---

[2] 現状は、代表点を求める際に、その都度、新たに格子テーブルを作成して、各格子の平均値をとる、という処理を行っているが、あまり効率的な処理ではない。現状のプログラムは、格子テーブルを独立させた扱いやすい構造ではあるが、効率的な処理の観点からは、読者にデータ構造の改良を期待したい。

コード7-9 [nn_grid_table.py]

```python
1. #!/usr/bin/python
2. # coding: utf-8
3. # This Python program is translated by Shuro Nakajima from the following C++
   software:
4. #  LittleSLAM (https://github.com/furo-org/LittleSLAM) written by Masahiro Tomono,
5. #   Future Robotics Technology Center (fuRo), Chiba Institute of Technology.
6. # This source code form is subject to the terms of the Mozilla Public License, v. 2.0.
7. # If a copy of the MPL was not distributed with this file, you can obtain one
8. #  at https://mozilla.org/MPL/2.0/.
9.
10. import numpy as np
11. import math
12. import itertools
13.
14. from l_point2d import LPoint2D, ptype
15.
16.
17. class NNGridCell:
18.     def __init__(self, lps=None):
19.         if lps is None:
20.             self.lps = []
21.         else:
22.             self.lps = list(lps)
23.
24.     def clear(self):  # 空にする
25.         self.lps = []
26.
27.
28. # 格子テーブル
29. class NNGridTable:
30.     def __init__(self, csize=0.05, rsize=40.):
31.         self.csize = csize  # セルサイズ [m]
32.         self.rsize = rsize  # 対象領域のサイズ [m]. 正方形の1辺の半分.
```

```
33.        self.tsize = int(self.rsize / self.csize)   # テーブルサイズの半分
34.        self.table = {}
35.
36.        self.dthre = 0.2   # これより遠い点は除外する [m]
37.        R = int(self.dthre / self.csize)   # 先に計算しておく
38.        self.r_range = range(-R, R)
39.        self.set_r_coords()   # 予め全座標セット
40.        self.dthre_dthre = self.dthre * self.dthre
41.        self.tsizex2 = 2 * self.tsize
42.
43.        # for makeCellPoints
44.        self.gx = 0.   # 点群の重心位置
45.        self.gy = 0.
46.        self.nx = 0.   # 点群の法線ベクトルの平均
47.        self.ny = 0.
48.        self.sid = 0
49.        self.line = ptype.LINE
50.
51.    def set_r_coords(self):
52.        # range(-R, R) の 2 次元全座標
53.        xx, yy = np.meshgrid(self.r_range, self.r_range)
54.        self.r_coords = np.c_[xx.flatten(), yy.flatten()].tolist()
55.
56.    def clear(self):
57.        [c.clear() for c in self.table.values()]   # 各セルを空にする
58.
59.    # 格子テーブルにスキャン点 lp を登録する
60.    def addPoint(self, lp):
61.        # テーブル検索のインデックス計算．まず対象領域内にあるかチェック
62.        xi = int(lp.x / self.csize) + self.tsize
63.        if xi < 0 or xi > self.tsizex2:   # 対象領域の外
64.            return
65.        yi = int(lp.y / self.csize) + self.tsize
66.        if yi < 0 or yi > self.tsizex2:   # 対象領域の外
67.            return
68.        idx = int(yi * (self.tsizex2 + 1) + xi)   # テーブルのインデックス
69.        if idx not in self.table:
70.            self.table[idx] = NNGridCell()
71.        self.table[idx].lps.append(lp)   # 目的のセルに入れる
72.
73.    # スキャン点 clp を predPose で座標変換した位置に最も近い点を格子テーブルから見つける
74.    def findClosestPoint(self, clp, predPose):
75.        glp = LPoint2D()   # clp の予測位置
76.        predPose.globalPoint_io(clp, glp)   # relPose で座標変換
77.        # clp のテーブルインデックス．対象領域内にあるかチェック
78.        cxi = int(glp.x / self.csize) + self.tsize
79.        if cxi < 0 or cxi > self.tsizex2:
80.            return None
81.        cyi = int(glp.y / self.csize) + self.tsize
82.        if cyi < 0 or cyi > self.tsizex2:
83.            return None
84.
85.        x_min = 0 - cxi
86.        x_max = self.tsizex2 - cxi
```

```
87.            y_min = 0 - cyi
88.            y_max = self.tsizex2 - cyi
89.            # 範囲内の座標のみでテーブルインデックス計算
90.            idxs = [
91.                (cyi + y) * (self.tsizex2 + 1) + (cxi + x)
92.                for x, y in self.r_coords
93.                if x_min <= x <= x_max
94.                and y_min <= y <= y_max
95.            ]
96.            # セルがもつスキャン点群のリスト
97.            lps_list = [self.table[idx].lps for idx in idxs if idx in self.table]
98.            if not lps_list:
99.                return None
100.           # 1 次元化
101.           lp_list = list(itertools.chain.from_iterable(lps_list))
102.           if not lp_list:
103.               return None
104.           # 距離のリスト
105.           dists = [
106.               (lp.x - glp.x) ** 2 + (lp.y - glp.y) ** 2
107.               for lp in lp_list
108.           ]
109.           my_dmin = min(dists)
110.           if my_dmin > self.dthre_dthre:
111.               return None
112.           my_dmin_i = dists.index(my_dmin)
113.           return lp_list[my_dmin_i]
114.
115.    def do_in_lp(self, lp):
116.        self.gx += lp.x   # 位置を累積
117.        self.gy += lp.y
118.        self.nx += lp.nx  # 法線ベクトル成分を累積
119.        self.ny += lp.ny
120.        self.sid += lp.sid  # スキャン番号の平均とる場合
121.
122.    def do_in_lps(self, lps, ps_list):
123.        num = len(lps)
124.        self.gx = 0.    # 点群の重心位置
125.        self.gy = 0.
126.        self.nx = 0.    # 点群の法線ベクトルの平均
127.        self.ny = 0.
128.        self.sid = 0
129.
130.        for j in range(num):
131.            self.do_in_lp(lps[j])
132.        self.gx /= num  # 平均
133.        self.gy /= num
134.        L = math.sqrt(self.nx * self.nx + self.ny * self.ny)
135.        if L == 0 :
136.            L = 0.000001
137.        self.nx = self.nx / L  # 平均（正規化）
138.        self.ny = self.ny / L
139.        self.sid /= num   # スキャン番号の平均とる場合（この sid は実際には使っていないので，暫定的に平均を取る程度）
```

```
140.        newLp = LPoint2D(self.sid, self.gx, self.gy)  # セルの代表点を生成
141.        newLp.setNormal(self.nx, self.ny)  # 法線ベクトル設定
142.        newLp.setType(self.line)  # タイプは直線にする
143.        ps_list.append(newLp)
144.
145.    # 格子テーブルの各セルの代表点を作って ps に格納する
146.    # 現状はセル内の各点のスキャン番号の平均をとる
147.    def makeCellPoints(self, nthre, ps):
148.        ps_list = ps.tolist()
149.        lps_list = [
150.            c.lps  # セルのスキャン点群
151.            # 点数が nthre より多いセルだけ処理する
152.            for c in self.table.values() if len(c.lps) >= nthre
153.        ]
154.        for lps in lps_list:
155.            self.do_in_lps(lps, ps_list)
156.        return np.asarray(ps_list)
```

7−3−2節　格子テーブル

　ここで格子テーブルが出てきたので、説明をしよう。

　格子テーブルは nn_grid_table.py（コード7-9）に記述されている。

　サブマップを格子で区切り、各格子に対して2次元のインデックスを振った構造である（図7-7）。格子ごとの代表点を求めて、それを地図（全体地図、局所地図、サブマップのどの地図に関してなのか、については subsamplePoints 関数を呼ぶ関数による）に入れることでデータ量の圧縮を行うものである。

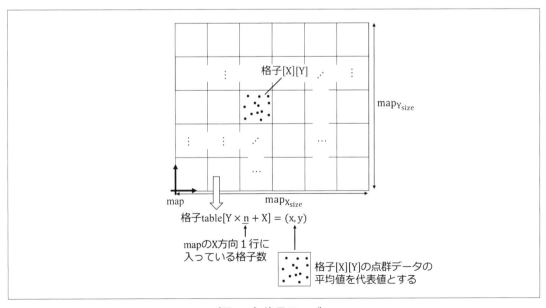

〔図7-7〕格子テーブル

　各格子（NNGridCell）はコード 7-9 の 18～22 行目に記載されているように、スキャンデータの点群を持つ構造になっている。

　NNGridTable クラスの構造が 30～49 行目に記載されており、格子 NNGridCell を table 変数に入れる。

　NNGridTable クラスの addPoint 関数（60～71 行目）で、該当する格子にスキャンデータを格納する。

　そして 147～156 行目にある makeCellPoints 関数が、ある格子に複数のデータが存在する場合には、その平均値をとってその格子の代表値とする処理を行う関数である。

　次に scan_matcher2d.py（コード 7-4）を見てみよう。

　すでに 74～118 行目にある matchScan 関数について簡単に触れたが、この関数が自己位置推定部分の中心である。

　76 行目にある resamplePoints 関数（実体は scan_point_resampler.py（コード 7-10））は、スキャンデータの間隔を均一化する処理である。これは「5－2 節　ICP アルゴリズム」で述べた処理であり、スキャンマッチングの際に各点の持つ重みが偏らないようにするためである。

コード 7-10 ［scan_point_resampler.py］

```python
1. #!/usr/bin/python
2. # coding: utf-8
3. # This Python program is translated by Shuro Nakajima from the following C++
   software:
4. #  LittleSLAM (https://github.com/furo-org/LittleSLAM) written by Masahiro Tomono,
5. #   Future Robotics Technology Center (fuRo), Chiba Institute of Technology.
6. # This source code form is subject to the terms of the Mozilla Public License, v. 2.0.
7. # If a copy of the MPL was not distributed with this file, you can obtain one
8. #  at https://mozilla.org/MPL/2.0/.
9.
10. import numpy as np
11. import math
12. import copy
13.
14. from l_point2d import LPoint2D
15.
16.
17. class ScanPointResampler:
18.     def __init__(self, dthreS=0.05, dthreL=0.25, dis=0.):
19.         self.dthreS = dthreS  # 点の距離間隔 [m]
20.         self.dthreL = dthreL  # 点の距離閾値 [m]．この間隔を超えたら補間しない
21.         self.dis = dis  # 累積距離，作業用
22.         self.inserted = False  # cpより前にnnpを入れたというフラグ
23.
24.     def resamplePoints(self, scan):
25.         lps = scan.lps  # スキャン点群
26.         num = len(lps)
27.         if num == 0:
28.             return
29.         newLps = np.empty(0)  # リサンプル後の点群用
30.         lp = lps[0]
31.         prevLp = lp
```

```
32.         nnp = LPoint2D(lp.sid, lp.x, lp.y)
33.         newLps = np.append(newLps, nnp)  # 最初の点は入れる
34.         newLps_list = newLps.tolist()
35.         for i in range(1, num):
36.             lp = lps[i]  # スキャン点
37.             self.inserted = False
38.             exist = self.findInterpolatePoint(lp, prevLp, nnp)
39.             if exist:  # 入れる点がある
40.                 newLps_list.append(copy.deepcopy(nnp))  # 新しい点 nnp を入れる
41.                 prevLp = nnp  # nnp が直前点になる
42.                 # lp の前で補間点を入れたので、lp をもう一度やる
43.                 if self.inserted:
44.                     i = i - 1
45.             else:
46.                 prevLp = lp  # 今の lp が直前点になる
47.         newLps = np.asarray(newLps_list)
48.         scan.setLps(newLps)
49.
50.     def findInterpolatePoint(self, cp, pp, nnp):
51.         dx = cp.x - pp.x
52.         dy = cp.y - pp.y
53.         L = math.sqrt(dx * dx + dy * dy)  # 現在点 cp と直前点 pp の距離
54.         if L == 0 :
55.             L = 0.000001
56.         if self.dis + L < self.dthreS:  # 予測累積距離 (dis+L) が dthreS より小さい点は削除
57.             self.dis = self.dis + L  # dis に加算
58.             return False
59.         elif self.dis + L >= self.dthreL:  # 予測累積距離が dthreL より大きい点は補間せずそのま
                                                ま残す
60.             nnp.setData(cp.sid, cp.x, cp.y)
61.         else:  # 予測累積距離が dthreS を超えたら dthreS になるように補間する
62.             ratio = (self.dthreS - self.dis) / L
63.             x2 = dx * ratio + pp.x  # 少し伸ばして距離が dthreS になる位置
64.             y2 = dy * ratio + pp.y
65.             nnp.setData(cp.sid, x2, y2)
66.             self.inserted = True  # cp より前に nnp を入れたというフラグ
67.         return True
```

77 行目（コード 7-4）で均一化したデータ点（と隣の点の線分）での法線を求めている。実際には、両隣の点とのそれぞれの線分に対する 2 つの法線の平均値としている。

次に、89 行目（コード 7-4）の makeRefScanLM 関数（実体は ref_scan_maker.py（コード 7-11））でスキャンデータの比較対象となるデータ（参照スキャン点群とも呼ぶ）の作成を行う。ここでは、現在の局所地図を比較対象データとしてセットする。

コード 7-11 [ref_scan_maker.py]

```
1. #!/usr/bin/python
2. # coding: utf-8
3. # This Python program is translated by Shuro Nakajima from the following C++
   software:
4. #  LittleSLAM (https://github.com/furo-org/LittleSLAM) written by Masahiro Tomono,
```

```
 5. #    Future Robotics Technology Center (fuRo), Chiba Institute of Technology.
 6. # This source code form is subject to the terms of the Mozilla Public License, v. 2.0.
 7. # If a copy of the MPL was not distributed with this file, you can obtain one
 8. #   at https://mozilla.org/MPL/2.0/.
 9. #
10. import numpy as np
11.
12. from l_point2d import LPoint2D
13. from scan2d import Scan2D
14. from point_cloud_map import PointCloudMap
15.
16.
17. class RefScanMaker:
18.     def __init__(self, pcmap=None, refScan=None):
19.         self.pcmap = pcmap if pcmap else PointCloudMap()   # 点群地図
20.         self.refScan = refScan if refScan else Scan2D()    # 参照スキャン本体．これを外に提供
21.
22.     def setPointCloudMap(self, p):
23.         self.pcmap = p
24.
25.     def makeRefScanLM(self):
26.         localMap = self.pcmap.localMap   # 点群地図の局所地図
27.         refLps_list = list()
28.         for i in range(len(localMap)):
29.             rp = localMap[i]
30.             refLps_list.append(rp)
31.         self.refScan.lps = np.asarray(refLps_list)
32.         return self.refScan
```

91 行目（コード 7-4）で ICP を行うための準備として、setScanPair_scan2d_GT 関数（実体は pose_estimator.py（コード 7-7））から setRefBaseGT 関数（実体は data_associator.py（コード 7-12））が呼ばれ、比較対象データ（現在の局所地図）を NNGridTable クラスの格子テーブルに入れる。

そして 94 行目（コード 7-4）で estimatePose 関数（実体は pose_estimator.py（コード 7-7））を呼び、ICP を実行する。

コード 7-12 [data_associator.py]

```
 1. #!/usr/bin/python
 2. # coding: utf-8
 3. # This Python program is translated by Shuro Nakajima from the following C++
    software:
 4. #  LittleSLAM (https://github.com/furo-org/LittleSLAM) written by Masahiro Tomono,
 5. #    Future Robotics Technology Center (fuRo), Chiba Institute of Technology.
 6. # This source code form is subject to the terms of the Mozilla Public License, v. 2.0.
 7. # If a copy of the MPL was not distributed with this file, you can obtain one
 8. #   at https://mozilla.org/MPL/2.0/.
 9. #
10. import numpy as np
11. import math
12. import copy
```

```
13.
14. from l_point2d import LPoint2D
15. from nn_grid_table import NNGridTable
16.
17.
18. class DataAssociator:
19.     def __init__(self, curLps=None, refLps=None, baseLps=None, nntab=None):
20.         self.curLps = curLps if curLps else np.array([LPoint2D()])  # 対応がとれた現在ス
            キャンの点群
21.         self.refLps = refLps if refLps else np.array([LPoint2D()])  # 対応がとれた参照ス
            キャンの点群
22.         self.baseLps = baseLps if baseLps else np.empty(0)  # 参照スキャンの点を格納してお
            く．LS作業用
23.         self.nntab = nntab if nntab else NNGridTable()
24.
25.     # 参照スキャンの点 rlps をポインタにして nntab に入れる
26.     def setRefBaseGT(self, rlps):
27.         self.nntab.clear()
28.         for i in range(len(rlps)):
29.             self.nntab.addPoint(rlps[i])   # ポインタにして格納
30.
31.     # 現在スキャン curScan の各スキャン点に関して，predPose で座標変換した位置で最も近い点を見つける
32.     def findCorrespondenceGT(self, curScan, predPose):
33.         curLps_list = list()
34.         refLps_list = list()
35.
36.         for i in range(len(curScan.lps)):
37.             clp = curScan.lps[i]   # 現在スキャンの点
38.             # 格子テーブルにより最近傍点を求める．格子テーブル内に距離閾値 dthre があることに注意
39.             rlp = self.nntab.findClosestPoint(clp, predPose)
40.             if rlp:
41.                 curLps_list.append(clp)
42.                 refLps_list.append(rlp)
43.         self.curLps = np.asarray(curLps_list)
44.         self.refLps = np.asarray(refLps_list)
45.         ratio = (1.0 * len(self.curLps) / len(curScan.lps))   # 対応がとれた点の比率
46.         return ratio, predPose
```

では、ここで pose_estimator.py（コード7-7）を見てみよう。

34行目から最終行までが estimatePose 関数である。

41行目で引数の initPose を pose 変数の初期位置とする。実際には scan_matcher2d.py（コード7-4）の94行目で predPose を引数として渡しており、これは1周期前の位置にオドメトリによる移動量を加えたものである（コード7-4［scan_matcher2d.py］の88行目）。つまり、ICPで最適解を探索する時の初期値は、1周期前の位置にオドメトリによる微小移動量を加えた位置、ということになる。

コード7-7の pose_estimator.py に戻り、46行目の findCorrespondenceGT 関数（実体は data_associator.py（コード7-12）から呼び出す findClosestPoint 関数（nn_grid_table.py（コード7-9）））でそれぞれのスキャンデータに対応する比較対象データの点（スキャンデータの各点に一番近い比較対象データ内の点（参照点とも言う））を求める。この時、対応する最短の点までの距離が閾値（nn_grid_table.py（コード7-9）の36行目で設定している dthre）以上の場合には、対応

する点がないとする。

　再び pose_estimator.py（コード 7-7）に戻り、48 行目で「スキャンデータの、ある点」と「その点に対応する比較対象データの点（参照点）」の組をセットして、49 行目の optimizePoseSL 関数（実体は pose_optimizer.py（コード 7-13）38〜79 行目）により、現在の対応点の組み合わせでのロボット位置の最適解を探索する。この関数は、ブレント法による直線探索により最適な解を求め、それをロボットの自己位置推定値とするものである。pose_optimiser.py（コード 7-13）の 49 行目あるいは 72 行目で calValuePD 関数（実体は cost_function.py（コード 7-14）36 行目〜最終行）を呼び、コスト関数の値を計算する。この計算は、垂直距離によるコスト計算である。このコスト関数の値を微小にずらした時の傾きを探索方向として設定し、ブレント法により直線探索を行っている。

コード 7-13　[pose_optimizer.py]

```python
1. #!/usr/bin/python
2. # coding: utf-8
3. # This Python program is translated by Shuro Nakajima from the following C++
   software:
4. #  LittleSLAM (https://github.com/furo-org/LittleSLAM) written by Masahiro Tomono,
5. #   Future Robotics Technology Center (fuRo), Chiba Institute of Technology.
6. # This source code form is subject to the terms of the Mozilla Public License, v. 2.0.
7. # If a copy of the MPL was not distributed with this file, you can obtain one
8. #  at https://mozilla.org/MPL/2.0/.
9.
10. import math
11. import scipy.optimize as so
12.
13. from my_util import MyUtil
14. from pose2d import Pose2D
15. from cost_function import CostFunction
16.
17.
18. class PoseOptimizer:
19.     def __init__(self, evthre=0.000001, dd=0.00001, da=0.00001, cfunc=None):
20.         self.evthre = evthre   # コスト変化閾値．変化量がこれ以下なら繰り返し終了
21.         self.dd = dd   # 数値微分の刻み（並進）
22.         self.da = da   # 数値微分の刻み（回転）
23.         self.cfunc = cfunc if cfunc else CostFunction()   # コスト関数
24.
25.     def setEvlimit(self, _l):
26.         self.cfunc.setEvlimit(_l)
27.
28.     def setPoints(self, curLps, refLps):
29.         self.cfunc.setPoints(curLps, refLps)
30.
31.     def setEvthre(self, inthre):
32.         self.evthre = inthre
33.
34.     def getPnrate(self):
35.         return self.cfunc.getPnrate()
36.
```

```python
37.      # データ対応づけ固定のもと，初期値 initPose を与えてロボット位置の推定値 estPose を求める
38.      def optimizePoseSL(self, initPose, estPose):
39.          th = initPose.th
40.          tx = initPose.tx
41.          ty = initPose.ty
42.          txmin = tx   # コスト最小の解
43.          tymin = ty
44.          thmin = th
45.          evmin = math.inf   # コストの最小値
46.          evold = evmin   # １つ前のコスト値．収束判定に使う
47.          pose = Pose2D()
48.          direction = Pose2D()
49.          ev = self.cfunc.calValuePD(tx, ty, th)   # コスト計算
50.          nn = 0   # 繰り返し回数．確認用
51.          while math.fabs(evold - ev) > self.evthre:   # 収束判定．値の変化が小さいと終了
52.              nn = nn + 1
53.              evold = ev
54.              # 数値計算による偏微分
55.              dx = (self.cfunc.calValuePD(tx + self.dd, ty, th) - ev) / self.dd
56.              dy = (self.cfunc.calValuePD(tx, ty + self.dd, th) - ev) / self.dd
57.              dth = (self.cfunc.calValuePD(tx, ty, th + self.da) - ev) / self.da
58.              tx += dx   # いったん次の探索位置を決める
59.              ty += dy
60.              th += dth
61.              # ブレント法による直線探索
62.              pose.tx = tx   # 探索開始点
63.              pose.ty = ty
64.              pose.th = th
65.              direction.tx = dx   # 探索方向
66.              direction.ty = dy
67.              direction.th = dth
68.              pose = self.search(ev, pose, direction)   # 直線探索実行
69.              tx = pose.tx   # 直線探索で求めた位置
70.              ty = pose.ty
71.              th = pose.th
72.              ev = self.cfunc.calValuePD(tx, ty, th)   # 求めた位置でコスト計算
73.              if ev < evmin:   # コストがこれまでの最小なら更新
74.                  evmin = ev
75.                  txmin = tx
76.                  tymin = ty
77.                  thmin = th
78.          estPose.setVal(txmin, tymin, thmin)   # 最小値を与える解を保存
79.          return evmin, estPose
80.
81.      # Line search ブレント法で直線探索を行う
82.      # pose を始点に，dp 方向にどれだけ進めばよいかステップ幅を見つける．
83.      def search(self, ev0, pose, dp):
84.          result = so.fminbound(self.objFunc, -2.0, 2.0, args=(pose, dp), full_
             output=1)   # 探索範囲 (-2.0,2.0)，経験的な最大繰り返し回数
85.          t = result[0]   # 求めるステップ幅
86.          pose.tx = pose.tx + t * dp.tx   # 求める最小解を pose に格納
87.          pose.ty = pose.ty + t * dp.ty
88.          pose.th = MyUtil.add(pose.th, t * dp.th)
89.          return pose
```

```
90.
91.     # 直線探索の目的関数．tt がステップ幅
92.     def objFunc(self, tt, pose, dp):
93.         tx = pose.tx + tt * dp.tx   # pose から dp 方向に tt だけ進む
94.         ty = pose.ty + tt * dp.ty
95.         th = MyUtil.add(pose.th, tt * dp.th)
96.         v = self.cfunc.calValuePD(tx, ty, th)   # コスト関数値
97.         return v
```

コード 7-14 ［cost_function.py］

```
 1. #!/usr/bin/python
 2. # coding: utf-8
 3. # This Python program is translated by Shuro Nakajima from the following C++
    software:
 4. #  LittleSLAM (https://github.com/furo-org/LittleSLAM) written by Masahiro Tomono,
 5. #   Future Robotics Technology Center (fuRo), Chiba Institute of Technology.
 6. # This source code form is subject to the terms of the Mozilla Public License, v. 2.0.
 7. # If a copy of the MPL was not distributed with this file, you can obtain one
 8. #  at https://mozilla.org/MPL/2.0/.
 9.
10. import numpy as np
11. import math
12.
13. from my_util import DEG2RAD
14. from l_point2d import ptype
15.
16.
17. class CostFunction:
18.     def __init__(self, curLps=None, refLps=None, evlimit=0., pnrate=0.):
19.         self.curLps = curLps if curLps else np.empty(0)   # 対応がとれた現在スキャンの点群
20.         self.refLps = refLps if refLps else np.empty(0)   # 対応がとれた参照スキャンの点群
21.         self.evlimit = evlimit   # マッチングで対応がとれたと見なす距離閾値
22.         self.pnrate = pnrate   # 誤差が evlimit 以内で対応がとれた点の比率
23.
24.     def setEvlimit(self, e):
25.         self.evlimit = e
26.
27.     # DataAssociator で対応のとれた点群 cur, ref を設定
28.     def setPoints(self, cur, ref):
29.         self.curLps = cur
30.         self.refLps = ref
31.
32.     def getPnrate(self):
33.         return self.pnrate
34.
35.     # 垂直距離による ICP のコスト関数
36.     def calValuePD(self, tx, ty, th):
37.         a = DEG2RAD(th)
38.         cos_a = math.cos(a)
39.         sin_a = math.sin(a)
40.         error = 0.
41.         pn = 0
42.         nn = 0
```

```
43.        line = ptype.LINE
44.        ev_ev = self.evlimit * self.evlimit
45.
46.        for clp, rlp in zip(self.curLps, self.refLps):
47.            if rlp.type != line:   # 直線上の点でなければ使わない
48.                continue
49.            cx, cy = clp.x, clp.y
50.            # clp を参照スキャンの座標系に変換
51.            x = cos_a * cx - sin_a * cy + tx
52.            y = sin_a * cx + cos_a * cy + ty
53.            pdis = (x - rlp.x) * rlp.nx + (y - rlp.y) * rlp.ny   # 垂直距離
54.            er = pdis * pdis
55.            if er <= ev_ev:
56.                pn += 1   # 誤差が小さい点の数
57.            error += er   # 各点の誤差を累積
58.            nn += 1
59.        error = error / nn if nn > 0 else math.inf   # 平均をとる. 有効点数が0なら, 値は
           HUGE_VAL
60.        self.pnrate = 1.0 * pn / nn if nn > 0 else 0   # nn=0は本来ないようにしたいので仮値
           (エラー処理)
61.        error *= 100   # 評価値が小さくなりすぎないよう100かける (100という値の意味は薄い)
62.        return error
```

７－３－３節　自己位置推定

　さて scan_matcher2d.py（コード 7-4）に戻ろう。ICP により自己位置推定値が得られた場合（98 行目でスキャンマッチングのスコアが閾値よりも小さく、かつ、スキャンデータと比較対象データの対応点の組の数が閾値 nthre 以上（今は 50 組以上と 34 行目で設定している））には、退化の処理を行う場合は、109 行目で fusePose 関数（実体は pose_fuser.py（コード 7-8）33～59 行目）により、スキャンマッチングによる自己位置推定値とオドメトリによる自己位置推定値との融合を行う。もし ICP による自己位置推定がうまくいかなかった場合（コード7-4の110行目）には、オドメトリ値から求めた値である predPose を自己位置推定値とする。

　では、fusePose 関数（pose_fuser.py（コード 7-8）33～59 行目）を説明しよう。
　38 行目で ICP による自己位置の推定値の分散を求め、47 行目でオドメトリによる自己位置の推定値の分散を求めている。それぞれの求め方は「6－3節　ICP データの分散とオドメトリデータの分散」で説明した方法である。ICP による自己位置推定値を mu1、オドメトリによるものを mu2 として、ICP とオドメトリそれぞれによる自己位置推定値を正規分布に従うとして融合するのが、55 行目の fuse 関数である。
　fuse 関数は 63 行目～最終行にあり、平均ベクトルが mu1、分散共分散行列が cv1 の正規分布と、平均ベクトルが mu2、分散共分散行列が cv2 の正規分布を融合して、平均ベクトルが mu、分散共分散行列が cv の正規分布を求める関数である。コラム 3 のように、分散の重み付き平均が求めるものとなる。

　ここまでで一通りのプログラムの説明が終わった。読者の皆さんにとって SLAM が少しでも身近なものになってきただろうか？

特にコード 7-15 〜 7-19 に示したプログラムは本文で引用をしなかったが、ここまでの
SLAM プログラムを構成するのに必要なプログラムであるため、どのコードにも必ず目を通し
てほしい。図 7-8 は、図 7-4 の環境で、図 7-9 のロボットを使って実験を行い取得したデータ
data/urg1.dat を用いて、上記のプログラムにより SLAM を行った結果である。

コード 7-15 ［pose2d.py］

```
1. #!/usr/bin/python
2. # coding: utf-8
3. # This Python program is translated by Shuro Nakajima from the following C++
   software:
4. #  LittleSLAM (https://github.com/furo-org/LittleSLAM) written by Masahiro Tomono,
5. #   Future Robotics Technology Center (fuRo), Chiba Institute of Technology.
6. # This source code form is subject to the terms of the Mozilla Public License, v. 2.0.
7. # If a copy of the MPL was not distributed with this file, you can obtain one
8. #  at https://mozilla.org/MPL/2.0/.
9.
10. import numpy as np
11. import copy
12.
13. from l_point2d import LPoint2D
14. from pose2d import Pose2D
15.
16.
17. # スキャンデータの構造（レーザレンジセンサデータとその時のオドメトリデータ）
18. class Scan2D:
19.     MAX_SCAN_RANGE = 4.0 #4.0(Raspberry Pi Mouse) 3.5(TurtleBot3)
20.     MIN_SCAN_RANGE = 0.06 #0.06(Raspberry Pi Mouse) 0.12(TurtleBot3)
21.
22.     def __init__(self, sid=0, pose=None):
23.         self.sid = int(sid)  # スキャン id
24.         self.pose = pose if pose else Pose2D()  # スキャン取得時のオドメトリ値
25.         self.lps = np.array([LPoint2D()])  # スキャン点群 LPoint2D()
26
27.     def setSid(self, sid):
28.         self.sid = int(sid)
29.
30.     def setLps(self, ps):
31.         self.lps = copy.deepcopy(ps)
32.
33.     def setPose(self, p):
34.         self.pose = copy.deepcopy(p)
```

コード 7-16 ［sensor_data_reader.py］

```
1. #!/usr/bin/python
2. # coding: utf-8
3. # This Python program is translated by Shuro Nakajima from the following C++
   software:
4. #  LittleSLAM (https://github.com/furo-org/LittleSLAM) written by Masahiro Tomono,
5. #   Future Robotics Technology Center (fuRo), Chiba Institute of Technology.
```

```
 6. # This source code form is subject to the terms of the Mozilla Public License, v. 2.0.
 7. # If a copy of the MPL was not distributed with this file, you can obtain one
 8. #  at https://mozilla.org/MPL/2.0/.
 9.
10. import numpy as np
11.
12. from my_util import RAD2DEG
13. from l_point2d import LPoint2D
14.
15.
16. class SensorDataReader:
17.     def __init__(self, angleOffset=0., filepath=None):
18.         self.angleOffset = angleOffset
19.         self.filepath = filepath if filepath else ''
20.
21.     def openScanFile(self, filepath):
22.         try:
23.             inFile = open(filepath)
24.         except OSError:
25.             print('cannot open', filepath)
26.         return inFile
27.
28.     def closeScanFile(self, inFile):
29.         inFile.close()
30.
31.     def setAngleOffset(self, angleOffset):
32.         self.angleOffset = angleOffset
33.
34.     # データファイルから1行読んで各変数にセットする. ファイルの最終行ではFalseを返す.
35.     def loadScan(self, inFile, cnt, scan2d, skip=False):
36.         isScan = inFile.readline()
37.         if not isScan:
38.             return True  # file end
39.         if skip:
40.             return False
41.         data = isScan.split()
42.         if data[0] == "LASERSCAN":
43.             scan2d.setSid(cnt)
44.             pnum = int(data[4])
45.
46.             lps = list()
47.             angle = data[5:(pnum) * 2 + 5:2]
48.             angle = np.array(angle, dtype=float) + self.angleOffset
49.             range_data = np.array(data[6:(pnum) * 2 + 6:2], dtype=float)
50.             for i, d_angle in enumerate(angle):
51.                 if range_data[i] <= scan2d.MIN_SCAN_RANGE or range_data[i] >=
                    scan2d.MAX_SCAN_RANGE:
52.                     continue
53.                 lp = LPoint2D()
54.                 lp.setSid(cnt)
55.                 lp.calXY(range_data[i], angle[i])
56.                 lps.append(lp)
57.             scan2d.setLps(lps)
58.             scan2d.pose.tx = float(data[(pnum) * 2 + 5])
```

```
59.            scan2d.pose.ty = float(data[(pnum) * 2 + 6])
60.            scan2d.pose.setAngle(RAD2DEG(float(data[(pnum) * 2 + 7])))
61.            scan2d.pose.calRmat()
62.
63.        return False  # file continue
```

コード 7-17 [l_point2d.py]

```python
1. #!/usr/bin/python
2. # coding: utf-8
3. # This Python program is translated by Shuro Nakajima from the following C++
   software:
4. #  LittleSLAM (https://github.com/furo-org/LittleSLAM) written by Masahiro Tomono,
5. #   Future Robotics Technology Center (fuRo), Chiba Institute of Technology.
6. # This source code form is subject to the terms of the Mozilla Public License, v. 2.0.
7. # If a copy of the MPL was not distributed with this file, you can obtain one
8. #  at https://mozilla.org/MPL/2.0/.
9.
10. from enum import Enum
11. import math
12.
13. from my_util import DEG2RAD
14.
15.
16. class ptype(Enum):
17.     UNKNOWN = 0
18.     LINE = 1
19.     CORNER = 2
20.     ISOLATE = 3
21.
22.
23. class LPoint2D:
24.     def __init__(self, sid=-1, x=0., y=0., nx=0., ny=0., atd=0.):
25.         self.sid = int(sid)
26.         self.x = x
27.         self.y = y
28.         self.nx = nx
29.         self.ny = ny
30.         self.atd = atd
31.         self.type = ptype.UNKNOWN
32.
33.     def setData(self, sid, x, y):
34.         self.sid = sid
35.         self.x = x
36.         self.y = y
37.
38.     # range と angle から xy を求める ( 右手系 )
39.     def calXY(self, _range, angle):
40.         a = DEG2RAD(angle)
41.         self.x = _range * math.cos(a)
42.         self.y = _range * math.sin(a)
43.
44.     def setSid(self, sid):
```

```
45.          self.sid = int(sid)
46.
47.      def setType(self, t):
48.          self.type = t
49.
50.      def setNormal(self, nx, ny):
51.          self.nx = nx
52.          self.ny = ny
```

コード 7-18 [my_util.py]

```
 1. #!/usr/bin/python
 2. # coding: utf-8
 3. # This Python program is translated by Shuro Nakajima from the following C++
    software:
 4. #  LittleSLAM (https://github.com/furo-org/LittleSLAM) written by Masahiro Tomono,
 5. #   Future Robotics Technology Center (fuRo), Chiba Institute of Technology.
 6. # This source code form is subject to the terms of the Mozilla Public License, v. 2.0.
 7. # If a copy of the MPL was not distributed with this file, you can obtain one
 8. #   at https://mozilla.org/MPL/2.0/.
 9.
10. import math
11.
12.
13. def DEG2RAD(x):
14.     return (x) * math.pi / 180
15.
16.
17. def RAD2DEG(x):
18.     return (x) * 180 / math.pi
19.
20.
21. class MyUtil:
22.     @staticmethod
23.     def add(a1, a2):
24.         sum = a1 + a2
25.         if sum < -180:
26.             sum += 360
27.         elif sum >= 180:
28.             sum -= 360
29.         return sum
```

コード 7-19 [scan_point_analyser.py]

```
 1. #!/usr/bin/python
 2. # coding: utf-8
 3. # This Python program is translated by Shuro Nakajima from the following C++
    software:
 4. #  LittleSLAM (https://github.com/furo-org/LittleSLAM) written by Masahiro Tomono,
 5. #   Future Robotics Technology Center (fuRo), Chiba Institute of Technology.
 6. # This source code form is subject to the terms of the Mozilla Public License, v. 2.0.
 7. # If a copy of the MPL was not distributed with this file, you can obtain one
 8. #   at https://mozilla.org/MPL/2.0/.
```

```
 9.
10. import numpy as np
11. import math
12.
13. from my_util import DEG2RAD
14. from l_point2d import ptype
15.
16.
17. class ScanPointAnalyser:
18.     # 隣接点との最小距離 [m]
19.     FPDMIN = 0.06    # これより小さいと誤差が大きくなるので法線計算に使わない. ScanPointResampler.
        dthrS とずらすこと
20.     # 隣接点との最大距離 [m]
21.     FPDMAX = 1.0   # これより大きいと不連続とみなして法線計算に使わない
22.
23.     def __init__(self, CRTHRE=45, INVALID=-1, costh=math.cos(DEG2RAD(45))):
24.         self.CRTHRE = CRTHRE
25.         self.INVALID = INVALID
26.         self.costh = costh   # 左右の法線方向の食い違いの閾値
27.
28.     # スキャン点の法線ベクトルを求める. 直線 , コーナ , 孤立の場合分けをする .
29.     def analysePoints(self, lps):
30.         for i in range(len(lps)):
31.             lp = lps[i]  # スキャン点
32.             _type = ptype.UNKNOWN
33.             nL = nR = np.array([0., 0.])
34.             normal = np.array([0., 0.])
35.             flagL = self.calNormal(i, lps, -1, nL)  # nL は lp と左側の点で求めた法線ベクトル
36.             flagR = self.calNormal(i, lps, 1, nR)   # nR は lp と右側の点で求めた法線ベクトル
37.             nR[0] = -nR[0]   # 符号を nL と合せる
38.             nR[1] = -nR[1]
39.             if flagL:
40.                 if flagR:  # 左右両側で法線ベクトルが計算可能
41.                     if math.fabs(nL[0] * nR[0] + nL[1] * nR[1]) >= self.costh:  # 両
                        側の法線が平行に近い
42.                         _type = ptype.LINE   # 直線とみなす
43.                     else:  # 平行から遠ければ , コーナ点とみなす
44.                         _type = ptype.CORNER
45.                     # 左右両側の法線ベクトルの平均
46.                     dx = nL[0] + nR[0]
47.                     dy = nL[1] + nR[1]
48.                     L = math.sqrt(dx * dx + dy * dy)
49.                     if L == 0 :
50.                         L = 0.000001
51.                     normal[0] = dx / L
52.                     normal[1] = dy / L
53.                 else:  # 左側しか法線ベクトルがとれなかった
54.                     _type = ptype.LINE
55.                     normal = nL
56.             else:
57.                 if flagR:  # 右側しか法線ベクトルがとれなかった
58.                     _type = ptype.LINE
59.                     normal = nR
60.                 else:  # 両側とも法線ベクトルがとれなかった
```

```
61.                    _type = ptype.ISOLATE   # 孤立点とみなす
62.                    normal[0] = self.INVALID
63.                    normal[1] = self.INVALID
64.            lp.setNormal(normal[0], normal[1])
65.            lp.setType(_type)
66.
67.        # 注目点 cp の両側の点が cp から dmin 以上 dmax 以下の場合に法線を計算する
68.        def calNormal(self, idx, lps, direction, normal):
69.            cp = lps[idx]   # 注目点
70.            if direction == 1:
71.                range_end = len(lps)
72.            elif direction == -1:
73.                range_end = 0
74.            else:
75.                print("ERROR")
76.            for i in range(idx + direction, range_end, direction):
77.                if i >= 0:
78.                    lp = lps[i]   # cp の dir（左か右）側の点
79.                    dx = lp.x - cp.x
80.                    dy = lp.y - cp.y
81.                    d = math.sqrt(dx * dx + dy * dy)
82.                    # cp と lp の距離 d が適切なら法線計算
83.                    if d >= ScanPointAnalyser.FPDMIN and d <= ScanPointAnalyser.FPDMAX:
84.                        normal[0] = dy / d
85.                        normal[1] = -dx / d
86.                        return True
87.                    if d > ScanPointAnalyser.FPDMAX:   # どんどん離れるので途中でやめる
88.                        break
89.            return False
```

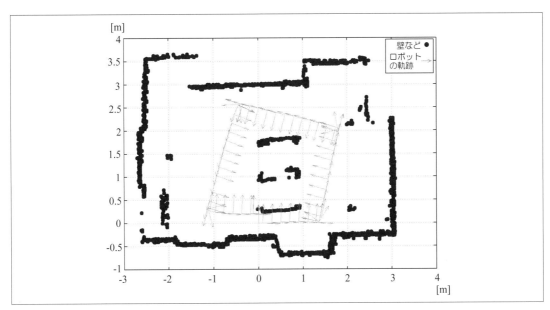

〔図 7-8〕図 7-4 の環境で、図 7-9 のロボットを使い SLAM を行った結果

〔図7-9〕使用したロボット

　では、ここでもう少しSLAMが身近になるようにしよう。

　そのために、いくつか別の視点から、SLAMプログラムを試してみよう。

　まず、slam_launcher.py（コード7-1（次ページに再掲））の132行目 sl.showScans(inFile) のコメントアウトを削除して、プログラムを実行してみよう。プログラムの実行は

```
$ python slam_launcher.py data/urg1.dat 0
```

である。こうすると、ロボットがその位置で得ているスキャンデータのみを表示することができる。図7-10の点群はスキャンデータのみを表示したときの1シーンである。この様子をみると、ロボットが得ているスキャンデータの実態を把握することができるだろう。そして、これらのデータが積みあがって地図ができていることが実感できると思う。

　次に、132行目を再度コメントアウトした上で、133行目 sl.setOdometryOnly(True) のコメントアウトを削除し、134行目 sl.setOdometryOnly(False) をコメントアウトして同様にプログラムを実行してみよう。この場合、オドメトリによる自己位置推定値だけを用いたSLAMの結果を見ることができる。それが図7-11である。このようにオドメトリだけの場合では地図が大きく乱れることがわかるだろう。このように確認すると、ICPスキャンマッチングによる効果が実感できる。

```python
1. #!/usr/bin/python
2. # coding: utf-8
3. # This Python program is translated by Shuro Nakajima from the following C++
   software:
4. #  LittleSLAM (https://github.com/furo-org/LittleSLAM) written by Masahiro Tomono,
5. #   Future Robotics Technology Center (fuRo), Chiba Institute of Technology.
6. # This source code form is subject to the terms of the Mozilla Public License, v. 2.0.
7. # If  a copy of the MPL was not distributed with this file, you can obtain one
8. #  at https://mozilla.org/MPL/2.0/.
9.
10. import numpy as np
11. import time
12. import sys
13.
14. from l_point2d import LPoint2D
15. from pose2d import Pose2D
16. from scan2d import Scan2D
17. from sensor_data_reader import SensorDataReader
18. from point_cloud_map import PointCloudMap
19. from map_drawer import MapDrawer
20. from slam_front_end import SlamFrontEnd
21.
22.
23. class SlamLauncher:
24.     def __init__(self, startN=0, drawSkip=10, odometryOnly=False, ipose=None,
        lidarOffset=None, sreader=None, pcmap=None, sfront=None, mdrawer=None):  #
        RasPiMouse drawskip 10
25.         self.startN = startN  # 開始スキャン番号
26.         self.drawSkip = drawSkip  # 描画間隔
27.         self.odometryOnly = odometryOnly   # 地図構築をオドメトリだけで行うかのフラグ
28.         self.ipose = ipose if ipose else Pose2D()  # オドメトリ地図構築の補助データ
29.         # ロボット中心からのセンサの取付位置
30.         self.lidarOffset = lidarOffset if lidarOffset else Pose2D()
31.         # ファイルからのセンサデータ読み込み
32.         self.sreader = sreader if sreader else SensorDataReader()
33.         self.pcmap = pcmap if pcmap else PointCloudMap()  # 点群地図
34.         self.sfront = sfront if sfront else SlamFrontEnd()  # SLAM フロントエンド
35.         self.mdrawer = mdrawer if mdrawer else MapDrawer()  # gnuplot による描画
36.
37.     def setStartN(self, n):
38.         self.startN = n
39.
40.     def setOdometryOnly(self, p):
41.         self.odometryOnly = p
42.
43.     def run(self, inFile):
44.         self.mdrawer.setAspectRatio(1.0)   # 描画時の x 軸と y 軸の比
45.         cnt = 0   # 処理の論理時刻
46.         if self.startN > 0:
47.             self.skipData(inFile, self.startN)  # startN までデータを読み飛ばす
48.         scan = Scan2D()
49.         #  ファイルからスキャンを 1 個読み込む
```

```
50.          eof = self.sreader.loadScan(inFile, cnt, scan)
51.          while eof is False:
52.              if self.odometryOnly:   # オドメトリによる地図構築（SLAMより優先）
53.                  if cnt == 0:
54.                      self.ipose = scan.pose
55.                      self.ipose.calRmat()
56.                  self.mapByOdometry(scan)
57.              else:
58.                  self.sfront.process(scan)   # SLAMによる地図構築
59.                  self.pcmap = self.sfront.pcmap
60.              if cnt % self.drawSkip == 0:  # drawSkipおきに結果を描画
61.                  self.mdrawer.drawMapGp(self.pcmap)
62.              cnt = cnt + 1  # 論理時刻更新
63.              eof = self.sreader.loadScan(inFile, cnt, scan)   # 次のスキャンを読み込む
64.              print("---- SlamLauncher: cnt=%d ends ----\n" % cnt)
65.          self.sreader.closeScanFile(inFile)
66.          print("pose %f %f %f" %(self.pcmap.poses[-1].tx,self.pcmap.poses[-1].
                ty,self.pcmap.poses[-1].th))
67.          print("SlamLauncher finished.")
68.
69.          if sys.platform != 'darwin':
70.              input()  # 処理終了後も描画画面を残すために何かの入力待ち
71.
72.      # 開始からnum個のスキャンまで読み飛ばす
73.      def skipData(self, inFile, num):
74.          scan = Scan2D()
75.          self.sreader.loadScan(inFile, 0, scan, skip=True)
76.          for i in range(num):  # num個空読みする
77.              self.sreader.loadScan(inFile, 0, scan, skip=True)
78.
79.      # オドメトリのよる地図構築
80.      def mapByOdometry(self, scan):
81.          pose = scan.pose
82.          lps = scan.lps  # スキャン点群
83.          glps_list = list()
84.          for i in range(len(lps)):
85.              lp = lps[i]
86.              glp = LPoint2D()
87.              pose.globalPoint_io(lp, glp)   # センサ座標系から地図座標系に変換
88.              glps_list.append(glp)
89.          glps = np.asarray(glps_list)
90.
91.          # 点群地図pcmapにデータを格納
92.          self.pcmap.addPose(pose)
93.          self.pcmap.addPoints(glps)
94.          self.pcmap.makeGlobalMap()
95.
96.      # スキャン描画
97.      def showScans(self, inFile):
98.          self.mdrawer.setRange(6)  # 描画範囲。スキャンが6m四方の場合
99.          self.mdrawer.setAspectRatio(1.0)   # 描画時のx軸とy軸の比
100.         cnt = 0  # 処理の論理時刻
101.         if self.startN > 0:
102.             self.skipData(inFile, self.startN)   # startNまでデータを読み飛ばす
```

```
103.            scan = Scan2D()
104.            eof = self.sreader.loadScan(inFile, cnt, scan)
105.            while eof is False:
106.                time.sleep(0.1)   # 描画が速すぎるため，描画間隔をあける
107.                self.mdrawer.drawScanGp(scan)   # スキャンデータの描画
108.                print("---- scan num=%d ----" % cnt)
109.                eof = self.sreader.loadScan(inFile, cnt, scan)
110.                cnt = cnt + 1
111.            self.sreader.closeScanFile(inFile)
112.            print("SlamLauncher finished.")
113.
114.        # スキャン読み込み
115.        def setFilename(self, filename):
116.            flag = self.sreader.openScanFile(filename)   # ファイルをオープン
117.            return flag
118.
119.
120. def main():
121.        argvs = sys.argv
122.        argc = len(argvs)
123.        if argc != 3:
124.            print("HowToWrite for this program: python slam_lancher.py FILE_NAME
               startN")
125.            return
126.        sl = SlamLauncher()
127.        inFile = sl.setFilename(sys.argv[1])
128.        startN = int(sys.argv[2])
129.        sl.setStartN(startN)
130.        print("data file: %s" % sys.argv[1])
131.        print("startN: %d" % startN)
132.        #    sl.showScans(inFile)
133.        #sl.setOdometryOnly(True)
134.        sl.setOdometryOnly(False)
135.        sl.run(inFile)
136.
137.
138. if __name__ == "__main__":
139.        main()
```

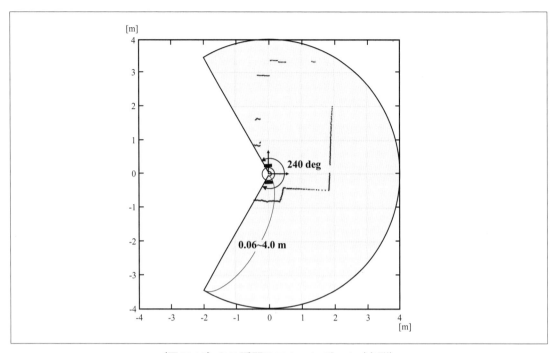

〔図7-10〕ある瞬間のスキャンデータ（点群）

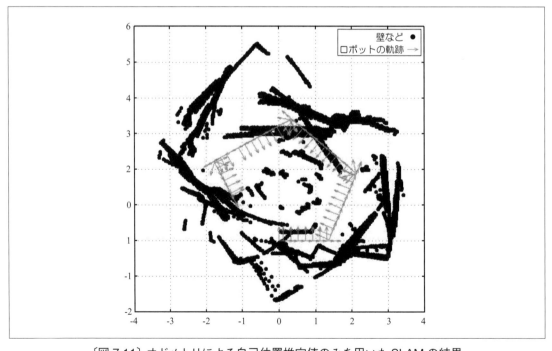

〔図7-11〕オドメトリによる自己位置推定値のみを用いたSLAMの結果

第8章

ループ検出と
ポーズ調整

　ここまでの章で SLAM の考え方の基礎が理解でき、また、SLAM を用いてちょっとした地図を作成することができるようになった。次の問題としては、移動距離が長くなっても正しい地図の作成を維持できるかどうか、である。

　一般的な話に当てはめてみよう。ものごとを積み上げて作っていくプロセスにおいて、時間的に前の段階で発生した「ずれ」は延々その後にも影響することが多い。その場合、それぞれのタイミングでの「ずれ」が少しだったとしても、「ずれ」の影響が蓄積していくため、時間がたつと無視できないほどの「ずれ」になっていることがある。「木（ばかり）を見て森を見ず」と似たような状態となると、部分的には合っているように見えても、全体的にはよくない状況になっていることも多い。SLAM においても、その時その時での整合性に加えて、もう少し大きなくくりでの整合性を確認する処理が必要となる。この問題の解決手段の一つがループ検出、そしてポーズ調整である。

8－1節　ループ検出

　図 8-1 のように部屋を取り囲んで廊下が 1 周しているような場所を考えよう。図 8-1 の A 地点から矢印方向にすすみ、1 周して戻ってくる状況を考える。この時に、逐次更新される地図がつながってほしいところだが、実際には 1 周してそのまま地図をつなげた場合、図 8-2 のようにずれていてうまく接合しない場合も多い。この理由は、例えば図 8-2 の◎の角の角度が少

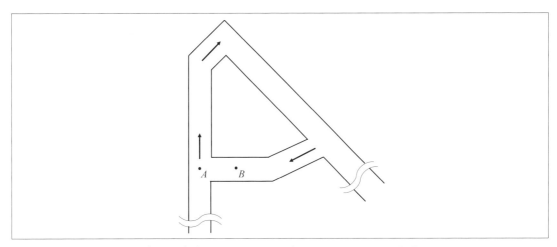

〔図 8-1〕部屋を取り囲んで廊下が 1 周している場所

しずれて地図が作成され、その上にその後の地図が積み上げられてしまい、結果として、接合すべき場所のずれが大きくなってしまうからである。

　地図がうまくできないとどんな問題があるのか？　例えば図8-2のようにずれた場合には、図8-1のB地点は地図上に二つ（図8-2のB_1とB_2）存在してしまう。この問題に対応するために、ロボットが今いる場所は、「以前訪れたことがある場所かどうかを確認し（①）」、仮に以前訪れた場所だとすると、「今積み上げている地図が以前訪れたときに作成した地図と重なるように調整する（②）」ということが必要である（図8-3）。

　このうち①の機能がループ検出、②の機能がポーズ調整と呼ばれている。

　ここでは、ループ検出の処理の流れを考えよう。まず前提として、ロボットの現在の位置と

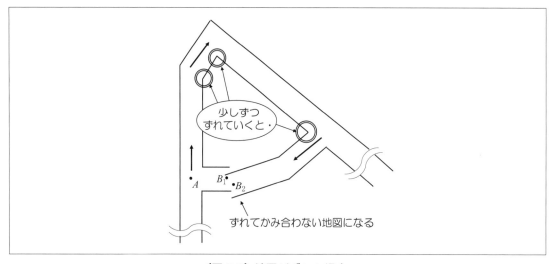

〔図8-2〕地図がずれた場合

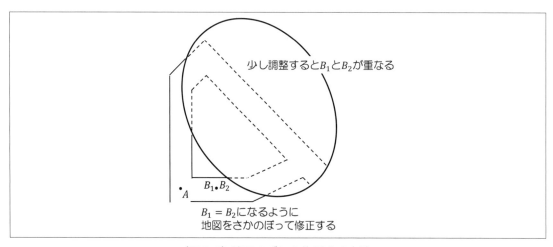

〔図8-3〕地図のずれを修正する方法

今まで通ってきた位置を地図座標系で保持していることとする。ここで、現在位置と今まで通ってきた経路上のそれぞれの位置との距離を求め、その距離がある閾値よりも小さければ、今いる場所は以前通った場所に近いことになり、移動経路がループしたことを検出する。これをループ検出と呼ぶ（図 8-4）。

　この時の状況をもう少し見てみよう。

　少し大きめの部屋を大回りで一周したときにループ検出した場合を考える。大きめの部屋のため、移動距離がそれなりにある。そのため、以前その場所を通った時の局所地図 m は現在の局所地図 n とは異なるものである（図 8-5）。ここで、現在のスキャンデータを用いて局所地図 m 上で ICP スキャンマッチングにより自己位置推定を行ったとすると、その自己位置推定値は、局所地図 n 上で現在行っている自己位置推定値と、本来はほぼ同じになるはずである（図 8-5(a)）。異なっていたとすれば、その「ずれ」は、1 周する間に積みあがってできた地図自体の「ずれ」によるものと考えて（図 8-5(b)）、地図の修正（＝ポーズ調整後に地図を再作成）をしようという流れになる。

　ポーズ調整をするための準備として、ポーズグラフを導入する。ポーズグラフとは、グラフ構造で表したロボットの軌跡である。ここでグラフ構造とは、図 8-6 のように点（ポーズノード）と辺（ポーズアーク）で構成されたものである。ポーズノードはロボットの位置の情報を持ち、ポーズアークはポーズノード間の距離を表す。通常は処理周期ごとに点を追加し、処理周期で移動した距離を辺の値として保存する。

　ここで、ループを検出したとしよう。

　ループを検出したということは、以前通った場所と近い場所にいるということを意味する。

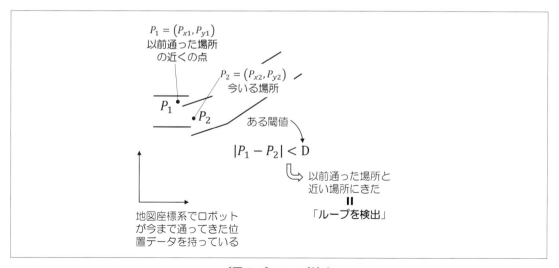

〔図 8-4〕ループ検出

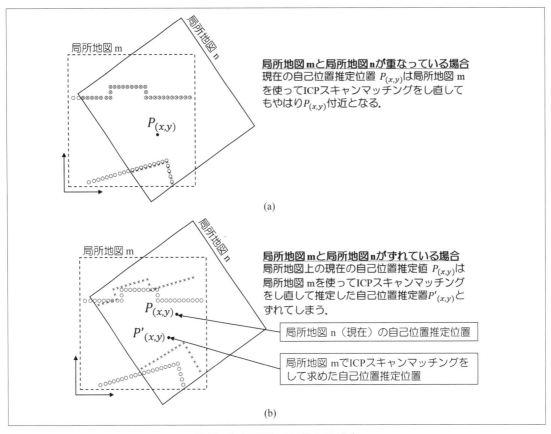

局所地図 m

局所地図 n

局所地図mと局所地図nが重なっている場合
現在の自己位置推定位置 $P_{(x,y)}$ は局所地図 m
を使ってICPスキャンマッチングをし直して
もやはり $P_{(x,y)}$ 付近となる.

$P_{(x,y)}$

(a)

局所地図 m

局所地図 n

局所地図mと局所地図nがずれている場合
局所地図上の現在の自己位置推定値 $P_{(x,y)}$ は
局所地図 m を使ってICPスキャンマッチング
をし直して推定した自己位置推定置 $P'_{(x,y)}$ と
ずれてしまう.

$P_{(x,y)}$

$P'_{(x,y)}$

局所地図 n（現在）の自己位置推定位置

局所地図 mでICPスキャンマッチングを
して求めた自己位置推定位置

(b)

〔図 8-5〕局所地図が異なる場合

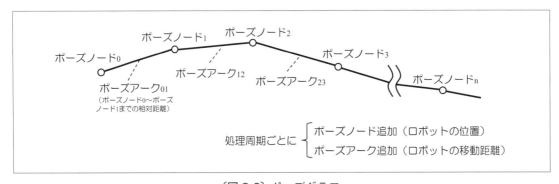

ポーズノード0

ポーズノード1

ポーズノード2

ポーズノード3

ポーズノードn

ポーズアーク01
（ポーズノード0～ポーズ
ノード1までの相対距離）

ポーズアーク12

ポーズアーク23

処理周期ごとに
　ポーズノード追加（ロボットの位置）
　ポーズアーク追加（ロボットの移動距離）

〔図 8-6〕ポーズグラフ

　つまり現在のポーズノード P_n に近い過去のポーズノード P_a があるはずである（図 8-7）。この
時に、P_n と P_a を辺でつなぎ、それをループアークと呼ぶことにする。
　このループアークの求め方であるが、現在の局所地図 n と P_a を移動したときの局所地図 m

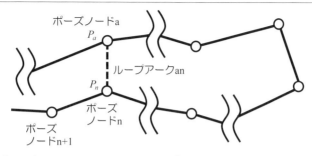

・ポーズノードnの場所でループ（ポーズノードa）を検出
・ポーズノードaとポーズノードnをループアークで繋ぐ
・ループアークanはポーズノードaの時の局所地図 m を使って
　ポーズノードnの場所を推定し，ポーズノードaとポーズ
　ノードnの相対距離を求めて設定する.

〔図 8-7〕ループアークの求めかた

はずれている可能性がある。そのため、現在の局所地図 n 上でのポーズノード P_n と、局所地図 m 上でのポーズノード P_a の位置を使って距離を計算し、ループアークに設定することはしない。代わりに、局所地図 m を比較対象データ（参照点）として使って、局所地図 m の中で「現在の」スキャンデータの ICP スキャンマッチングを行う。候補位置をある範囲で動かしながら求めたスキャンマッチングでの最適な位置を、局所地図 m での自己位置推定値 P'_n とする。そして P'_n と P_a の位置を使って 2 点間の距離を計算し、ループアークとして設定することにする。

　以上から、ポーズノードは、その点の位置（ロボットの位置）とその点につながるアーク群（通常は 2 つだが、開始点、終了点では 1 つ、そして、ループ検出の点では 3 つ以上）で構成されることになる。また、アークは、両端の点（ポーズノード）番号とその辺の長さ（両端の点の距離）で構成される。このようなグラフ構造を活用しているため、本書の SLAM は Graph-based SLAM と呼ばれる。

8−2節　ポーズ調整
　ループが検出されたら以前の局所地図 m と現在の局所地図 n の同じ場所のずれができる限り小さくなるように調整する。それがポーズ調整であり、その考え方は以下である。

・各ポーズノード間のポーズアークは時間的に短い期間での相対的な移動距離であり、逐次的にスキャンマッチングとオドメトリで求めた値である。短い 1 周期分の相対距離のため、それ自体のずれは少ないと仮定する。
・ループアークでの 2 つの点（「以前通った現在位置に近い場所」と「現在の場所」）の距離は、同じエリアを含んだ以前の局所地図 m 上で「現在のスキャンデータ」を用いてスキャンマッ

チングにより改めて求めた位置と、局所地図 m 上での「以前通った現在位置に近い場所」による2点の距離とし、同じ地図 m 上で求めた結果であるため、そのずれは少ないと仮定する。

・上記の「ずれ」が少ないと仮定した各値は固定値とした上で、各ポーズノードの値をずらしつつ、ずらした後の位置から求められる各値と固定値との差の2乗の合計値を計算する。2乗の合計値の式は以下の式（図8-8）であり、分散による重み付き平均とする。

$$J = \sum_{n=1}^{N} (f(P_{n-1}, P_n) - d_n)^T \Sigma_n^{-1}(f(P_{n-1}, P_n) - d_n)$$

$$+ \sum_{n=1}^{M} (f(P_{A_n'}, P_{A_n}) - d_{A_n})^T \Sigma_{A_n}^{-1}(f(P_{A_n'}, P_{A_n}) - d_{A_n}) \quad \cdots\cdots\cdots (8.1)$$

・上記の式の値が最小となるように、各ポーズノードを更新する。

図8-8に、ポーズ調整処理の主な流れを示した。

ポーズ調整後に、新しいポーズノードの位置で、そこでのスキャンデータを描画し直すと新しい地図ができ、ポーズ調整前にはずれていた地図が、より重なり合った地図になる（もちろん、完全に重なるわけではない）。

図8-9は、ロボットが部屋内をほぼ一周したときのデータで作成した地図の例であり、ポーズ調整の効果を示す図である。図8-9(a) の○の部分は本来重なるべきであるが、ほぼ一周した際に追加した地図部分がずれたためこのような地図になっている（ポーズ調整前）。図8-9(b) は現在位置がスタート位置に近づき、ループ検出したため、ポーズ調整を行った後の地図であ

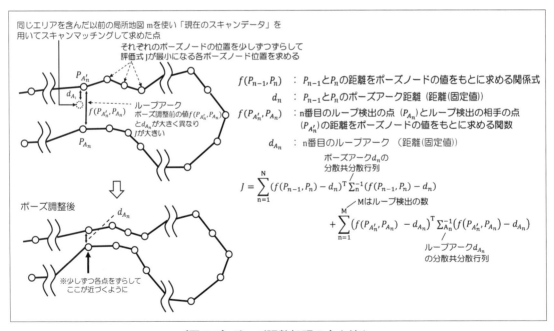

〔図8-8〕ポーズ調整処理の主な流れ

る。じっくり見ると、特に△の最終コーナーからの軌道が少し修正され、地図も修正されたことがわかる。なお、ループ検出が力を発揮するのは本来、図8-10（友納氏によるSLAM学習用C++プログラムのデータファイル（corridor.lsc）を読み込んで実行したもの）のように、数十メートルの長さを持ったような廊下が一周するような規模の個所である。図8-10(a)がポーズ調整前、図8-10(b)がポーズ調整後である。なお、図8-9の場合は1辺が5m前後の部屋で部屋全体が壁などで遮られていないため、本来はずれが発生しにくく、かなりパラメータをいじくって図8-9のような状況をむりやりに作ったということを付け加えておく。そのため、ループ検出のようすを実際に試したい読者は友納氏によるSLAM学習用C++プログラムのデータファイル（corridor.lsc）をhttps://github.com/furo-org/LittleSLAMのサイトからダウンロードしてdataディレクトリに保存し、SLAMを実行してみてほしい。その際には、8章の冒頭に掲載しているURLの[DL2]に保存してあるループ検出とポーズ調整アルゴリズムを組み込んだプ

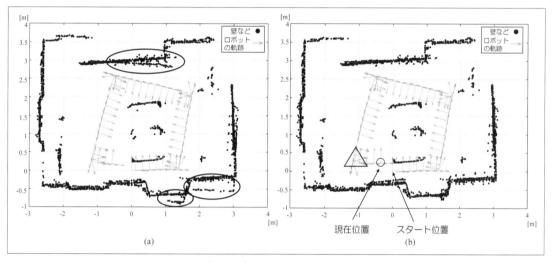

〔図8-9〕ポーズ調整の効果

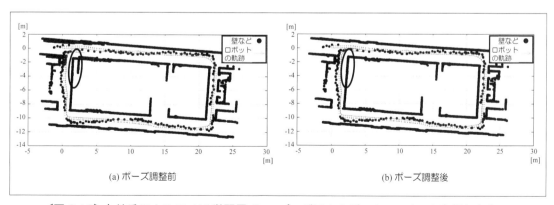

〔図8-10〕友納氏によるSLAM学習用C++プログラムのデータファイルを実行したもの

ログラムをダウンロードし、その中の sensor_data_reader.py の 17 行目の angleOffset=0. を angleOffset=180. に変更した上で、$python slam_launcher.py data/corridor.lsc 0 として実行する。angleOffset の値を変更する理由は、corridor.lsc のデータを取得したロボットにおいてセンサの向きがロボットの向きと 180 度ずれて付いているからである。この値は修正しないとセンサの取り付け向きが逆となり、前にあるはずの障害物スキャンデータが後ろに存在するというおかしな状況になるため、この値の変更は必須である。なお、このシミュレーションは、終わるまで 1 時間弱かかるので、コーヒーでも飲みながら気長に行ってほしい。ただし、図 8-10(a) あたりまでシミュレーションがすすんだらシミュレーション画面を頻繁に見ておき、ループ検出＋ループ調整が行われて地図が修正される瞬間を見逃さないようにしてほしい。

　最後に、「式 (8.1) の最小値を求めると地図のずれが修正される」ということについて、直感的な理解を試みよう。

　ループ検出をした際に、現在の局所地図 n と以前の局所地図 m がずれている場合、式 (8.1) の d_{A_n} と $f(P_{A_n}, P_{A'_n})$ との差が大きく式 (8.1) の評価値 J の値を支配してしまう。ここで、d_{A_n} は、以前の局所地図 m を比較対象データとして推定した「現在位置」と、以前通った場所 $P_{A'_n}$ との距離であり、どちらの位置も局所地図 m を使って求めたものである。また、$f(P_{A_n}, P_{A'_n})$ は、現在の局所地図 n を使って推定した「現在位置」と、以前通った場所 $P_{A'_n}$ との距離であり、使用している比較対象データが局所地図 n と m のように異なっているところがポイントである。

　つまり、ループアークに関わるずれが、ポーズアークに関わるずれよりも式に占める割合が大きい。そこで、ポーズノードの位置を少しずつ調整することで、式 (8.1) の評価値を小さくする。2 乗の合計値を小さくするように調整された値は、どこかの差が極端に大きいというよりは、全体的に差が分散された状態になり、結果として大きなずれの部分が修正されるのである。

8－3節　実際のループ検出とポーズ調整アルゴリズム

　ループ検出とポーズ調整アルゴリズムを組み込んだプログラムを 8 章の冒頭に掲載している URL の [DL2] に保存した。このプログラムは、ループ検出とポーズ調整に関する部分以外は 6 章で説明したプログラムと同じものである。

　6 章で紹介したプログラムから新規に増えたファイルは
・loop_detector.py（コード 8-1）
・slam_back_end.py（コード 8-2）
・p2o_driver2d.py（コード 8-3）
・p2o2d.py（コード 8-4）
・pose_graph.py（コード 8-5）
である。各ファイルの大まかな役割は表 8-1 に示す。なお、6 章と同じファイル名でも、ループ検出とポーズ調整に関わる部分があれば、コードが変更されているので注意してほしい。

　p2o2d.py であるが、C++ によるオリジナル版は Kiyoshi Irie 氏により書かれた（p2o: Petite Portable Pose-graph Optimizer（https://github.com/furo-org/p2o））。それを Atsushi Sakai 氏が Python に翻訳したものを、著者が本書で使えるように微修正したものである。

コード 8-1 [loop_detector.py]

```python
1. #!/usr/bin/python
2. # coding: utf-8
3. # This Python program is translated by Shuro Nakajima from the following C++
   software:
4. #  LittleSLAM (https://github.com/furo-org/LittleSLAM) written by Masahiro Tomono,
5. #   Future Robotics Technology Center (fuRo), Chiba Institute of Technology.
6. # This source code form is subject to the terms of the Mozilla Public License, v. 2.0.
7. # If a copy of the MPL was not distributed with this file, you can obtain one
8. #  at https://mozilla.org/MPL/2.0/.
9.
10. import numpy as np
11. import math
12.
13. from my_util import MyUtil
14. from pose2d import Pose2D
15. from scan2d import Scan2D
16. from pose_graph import PoseGraph
17. from point_cloud_map import PointCloudMap
18. from cost_function import CostFunction
19. from data_associator import DataAssociator
20. from pose_estimator import PoseEstimatorICP
21. from pose_fuser import PoseFuser
22. from covariance_calculator import CovarianceCalculator
23.
24. # ループアーク設定情報
25. class LoopInfo:
26.     def __init__(self, arcked=False, curId=-1, refId=-1, pose=None, score=-1.,
        cov=None):
27.         self.arcked = arcked   # すでにポーズアークを張ったか
28.         self.curId = curId   # 現在キーフレーム id（スキャン）
29.         self.refId = refId   # 参照キーフレーム id（スキャン，または，LocalGridMap2D）
30.         # 現在キーフレームが参照キーフレームにマッチするグローバル姿勢（Grid ベースの場合は逆）
31.         self.pose = pose if pose else Pose2D()
32.         self.score = score   # ICP マッチングスコア
33.         self.cov = cov if cov else np.zeros((3, 3))   # 共分散
34.
35.     def setArcked(self, t):
36.         self.arcked = t
37.
38. class LoopDetector:
39.     def __init__(self, pg=None, radius=1., atdthre=5., scthre=0.2):
40.         self.pg = pg if pg else PoseGraph()   # ポーズグラフ
41.         self.radius = radius   # 探索半径 [m]（現在位置と再訪点の距離閾値）
42.         self.atdthre = atdthre   # 累積走行距離の差の閾値 [m]
43.         self.atdthre2 = 1.   # 直前の LoopDetec 後からの走行距離の閾値 [m]
44.         self.prevDetectionPose = Pose2D(math.inf, math.inf)   # 直前の LoopDetec 時の
            pose
45.         self.scthre = scthre   # ICP スコアの閾値
46.         self.pcmap = PointCloudMap()   # 点群地図
47.         self.cfunc = CostFunction()   # コスト関数（ICP とは別に使う）
48.         self.estim = PoseEstimatorICP()   # ロボット位置推定器（ICP）
49.         self.dass = DataAssociator()   # データ対応づけ器
```

```
50.          self.pfu = PoseFuser()   # センサ融合器
51.
52.     def setPoseGraph(self, p):
53.          self.pg = p
54.
55.     def setPoseEstimator(self, p):
56.          self.estim = p
57.
58.     def setPoseFuser(self, p):
59.          self.pfu = p
60.
61.     def setDataAssociator(self, d):
62.          self.dass = d
63.
64.     def setPointCloudMap(self, p):
65.          self.pcmap = p
66.
67.     # ループ検出
68.     #  現在位置 curPose に近く，現在スキャン curScan に形が一致する場所をロボット軌跡から見つけてポーズア
            ークを張る
69.     def detectLoop(self, curScan, curPose, cnt):
70.          print("-- detectLoop -- ")
71.          # 最も近い部分地図を探す
72.          atd = self.pcmap.atd   # 現在の実際の累積走行距離
73.          atdR = 0   # 下記の処理で軌跡をなぞる時の累積走行距離
74.          poses = self.pcmap.poses   # ロボット軌跡
75.          dmin = math.inf   # 前回訪問点までの距離の最小値
76.          imin = 0
77.          jmin = 0   # 距離最小の前回訪問点のインデックス
78.          prevP = Pose2D()   # 直前のロボット位置
79.          len_self_pcmap_submaps_1 = len(self.pcmap.submaps) - 1
80.          math_sqrt = math.sqrt
81.          atdFromPrev = (curPose.tx - self.prevDetectionPose.tx) * (curPose.tx -
               self.prevDetectionPose.tx) + (curPose.ty - self.prevDetectionPose.ty) *
               (curPose.ty - self.prevDetectionPose.ty)
82.          if atdFromPrev < self.atdthre2:   # 直前のループ後の走行距離が短いときはループ検出しない
83.              print("Already Loop Detected: dis=%f, (x,y)=%f %f"%(atdFromPrev,self.
                   prevDetectionPose.tx,self.prevDetectionPose.ty))
84.              return False
85.          for i in range(0, len_self_pcmap_submaps_1, 1):   # 現在の部分地図以外を探す
86.              submap = self.pcmap.submaps[i]   # i 番目の部分地図
87.              for j in range(submap.cntS, submap.cntE, 1):   # 部分地図の各ロボット位置について
88.                  p = poses[j]   # ロボット位置
89.                  atdR += math_sqrt((p.tx - prevP.tx) * (p.tx - prevP.tx) + (p.ty -
                       prevP.ty) * (p.ty - prevP.ty))
90.                  if atd - atdR < self.atdthre:   # 現在位置までの走行距離が短いとループとみなさず
                       , もうやめる
91.                      i = len(self.pcmap.submaps)   # これで外側のループからも抜ける
92.                      break
93.                  prevP = p
94.                  d = (curPose.tx - p.tx) * (curPose.tx - p.tx) + (curPose.ty - p.ty)
                       * (curPose.ty - p.ty)
95.                  if d < dmin:   # 現在位置と p との距離がこれまでの最小か
96.                      dmin = d
```

```
97.                    imin = i   # 候補となる部分地図のインデックス
98.                    jmin = j   # 前回訪問点のインデックス
99.        print("dmin=%f, radius=%f, imin=%d, jmin=%d" % (math.sqrt(dmin), self.
           radius, imin, jmin))   # 確認用
100.       if dmin > self.radius * self.radius:   # 前回訪問点までの距離が遠いとループ検出しない
101.           return False
102.       refSubmap = self.pcmap.submaps[imin]   # 最も近い部分地図を参照スキャンにする
103.       initPose = poses[jmin]
104.
105.       # 再訪点の位置を求める
106.       revisitPose = Pose2D()
107.       flag, revisitPose = self.estimateRevisitPose(curScan, refSubmap.mps,
           curPose, revisitPose)
108.
109.       if flag:   # ループを検出した
110.           icpCov = np.empty([3, 3])   # ICP の共分散
111.           icpCov = self.pfu.calIcpCovariance(revisitPose, curScan, icpCov)   # ICP
               の共分散を計算
112.           info = LoopInfo()   # ループ検出結果
113.           info.pose = revisitPose   # ループアーク情報に再訪点位置を設定
114.           info.cov = icpCov   # ループアーク情報に共分散を設定。
115.           info.curId = cnt   # 現在位置のノード id
116.           info.refId = int(jmin)   # 前回訪問点のノード id
117.           self.makeLoopArc(info)   # ループアーク生成
118.           self.prevDetectionPose = revisitPose   #一度検出したら atdthre2 の間，検出しないよ
               うにするため
119.
120.       return flag
121.
122.   # 前回訪問点 (refId) を始点ノード、現在位置 (curId) を終点ノードにして、ループアークを生成する。
123.   def makeLoopArc(self, info):
124.       if info.arcked:   # info のアークはすでに張ってある
125.           return
126.       info.setArcked(True)
127.       srcPose = self.pcmap.poses[info.refId]   # 前回訪問点の位置
128.       dstPose = Pose2D(info.pose.tx, info.pose.ty, info.pose.th)   # 再訪点の位置
129.       relPose = Pose2D()
130.       relPose = dstPose.calRelativePose(srcPose, relPose)   # ループアークの拘束
131.       # アークの拘束は始点ノードからの相対位置なので，共分散をループアークの始点ノード座標系に変換
132.       cov = np.empty([3, 3])
133.       cov = CovarianceCalculator.rotateCovariance(srcPose, info.cov, cov, True)
           # 共分散の逆回転
134.       arc = self.pg.makeArc(info.refId, info.curId, relPose, cov)   # ループアーク生成
135.       self.pg.addArc(arc)   # ループアーク登録
136.
137.   # 現在スキャン curScan と部分地図の点群 refLps で ICP を行い，再訪点の位置を求める。
138.   def estimateRevisitPose(self, curScan, refLps, initPose, revisitPose):
139.       self.dass.setRefBaseGT(refLps)   # データ対応づけ器に参照点群を設定
140.       self.cfunc.setEvlimit(0.2)   # コスト関数の誤差閾値
141.       print("initPose: tx=%f, ty=%f, th=%f" % (initPose.tx, initPose.ty,
           initPose.th))   # 確認用
142.       usedNumMin = 50   # 100
143.       # 初期位置 initPose の周囲をしらみつぶしに調べる
144.       # 効率化のため ICP は行わず，各位置で単純にマッチングスコアを調べる
```

```
145.        rangeT = 0.5 #org 1. # 並進の探索範囲 [m]
146.        rangeA = 25. #org 45.  # 回転の探索範囲 [ 度 ]
147.        dd = 0.2   # 並進の探索間隔 [m]
148.        da = 2.   # 回転の探索間隔 [ 度 ]
149.        scoreMin = 1000.
150.        scores = np.empty(0)
151.        candidates = np.empty(0)   # スコアのよい候補位置
152.        for dy in np.arange(-rangeT, rangeT + dd, dd):  # 並進 y の探索繰り返し
153.            y = initPose.ty + dy   # 初期位置に変位分 dy を加える
154.            for dx in np.arange(-rangeT, rangeT + dd, dd):   # 並進 x の探索繰り返し
155.                x = initPose.tx + dx   # 初期位置に変位分 dx を加える
156.                for dth in np.arange(-rangeA, rangeA + da, da):  # 回転の探索繰り返し
157.                    th = MyUtil.add(initPose.th, dth)   # 初期位置に変位分 dth を加える
158.                    pose = Pose2D(x, y, th)
159.                    mratio, pose = self.dass.findCorrespondenceGT(curScan, pose)   #
                         位置 pose でデータ対応づけ
160.                    usedNum = len(self.dass.curLps)
161.                    if usedNum < usedNumMin or mratio < 0.9:   # 対応率が悪いと飛ばす
162.                        continue
163.                    self.cfunc.setPoints(self.dass.curLps, self.dass.refLps)   # コス
                         ト関数に点群を設定
164.                    score = self.cfunc.calValuePD(x, y, th)   # コスト値 ( マッチングスコア )
165.                    pnrate = self.cfunc.getPnrate()   # 詳細な点の対応率
166.                    if pnrate > 0.8:
167.                        candidates = np.append(candidates, pose)
168.                        if score < scoreMin:
169.                            scoreMin = score
170.                        scores = np.append(scores, score)
171.        len_candidates = len(candidates)
172.        print("candidates.size=%d" % len_candidates)   # 確認用
173.        if len_candidates == 0:
174.            flag = 0
175.            return flag, revisitPose
176.
177.        # 候補位置 candidates の中から最もよいものを ICP で選ぶ
178.        best = Pose2D()   # 最良候補
179.        smin = 1000000.   # ICP スコア最小値
180.        self.estim.setScanPair_l_point2d_GT(curScan, refLps)   # ICP にスキャン設定
181.        for i in range(len_candidates):
182.            p = candidates[i]   # 候補位置
183.            print("candidates %d (%d)" % (i, len_candidates))   # 確認用
184.            estP = Pose2D()
185.            score, estP = self.estim.estimatePose(p, estP)   # ICP でマッチング位置を求める
186.            pnrate = self.estim.getPnrate()   # ICP での点の対応率
187.            usedNum = self.estim.getUsedNum()   # ICP で使用した点数
188.            print("score=%f, pnrate=%f, usedNum=%d" % (score, pnrate, usedNum))   #
                 確認用
189.            if score < smin and pnrate >= 0.9 and usedNum >= usedNumMin:  # ループ検出
                 は条件厳しく
190.                smin = score
191.                best = estP
192.
193.        # 最小スコアが閾値より小さければ見つけた
194.        if smin <= self.scthre:
```

```
195.            revisitPose = best
196.            flag = 1
197.        else:
198.            flag = 0
199.        return flag, revisitPose
```

コード 8-2 [slam_back_end.py]

```python
1. #!/usr/bin/python
2. # coding: utf-8
3. # This Python program is translated by Shuro Nakajima from the following C++
   software:
4. #  LittleSLAM (https://github.com/furo-org/LittleSLAM) written by Masahiro Tomono,
5. #   Future Robotics Technology Center (fuRo), Chiba Institute of Technology.
6. # This source code form is subject to the terms of the Mozilla Public License, v. 2.0.
7. # If a copy of the MPL was not distributed with this file, you can obtain one
8. #  at https://mozilla.org/MPL/2.0/.
9.
10. import numpy as np
11.
12. from point_cloud_map import PointCloudMap
13. from pose_graph import PoseGraph
14. from p2o_driver2d import P2oDriver2D
15.
16.
17. class SlamBackEnd:
18.     def __init__(self, newPoses=None, pcmap=None, pg=None):
19.         self.newPoses = newPoses if newPoses else np.empty(0)    # ポーズ調整後の姿勢
20.         self.pcmap = pcmap if pcmap else PointCloudMap()  # 点群地図
21.         self.pg = pg if pg else PoseGraph()   # ポーズグラフ
22
23.     def setPointCloudMap(self, pcmap):
24.         self.pcmap = pcmap
25.
26.     def setPoseGraph(self, pg):
27.         self.pg = pg
28.
29.     def adjustPoses(self):
30.         self.newPoses = np.empty(0)   # 初期化
31.         p2o = P2oDriver2D()
32.         self.newPoses = p2o.doP2o(self.pg, self.newPoses, 5)   # 5回くり返す
33.         return self.newPoses[-1]
34.
35.     def remakeMaps(self):   # PoseGraph の修正
36.         pnodes = self.pg.nodes
37.         num = len(self.newPoses)
38.         for i in range(num):
39.             npose = self.newPoses[i]
40.             pnode = pnodes[i]   # ノードはロボット位置と 1:1 対応
41.             pnode.setPose(npose)   # 各ノードの位置を更新
42.         self.pcmap.remakeMaps(self.newPoses)   # PointCloudMap の修正
```

コード 8-3 ［p2o_driver2d.py］

```python
1.  #!/usr/bin/python
2.  # coding: utf-8
3.  # This Python program is translated by Shuro Nakajima from the following C++
    software:
4.  #   LittleSLAM (https://github.com/furo-org/LittleSLAM) written by Masahiro Tomono,
5.  #   Future Robotics Technology Center (fuRo), Chiba Institute of Technology.
6.  # This source code form is subject to the terms of the Mozilla Public License, v. 2.0.
7.  # If a copy of the MPL was not distributed with this file, you can obtain one
8.  #   at https://mozilla.org/MPL/2.0/.
9.
10. import numpy as np
11.
12. from my_util import DEG2RAD, RAD2DEG
13. from pose2d import Pose2D
14. from pose_graph import PoseGraph
15. from p2o2d import Pose2D_p2o, Con2D, Optimizer2D
16.
17. # ポーズグラフ最適化ライブラリ kslam を起動する。
18. class P2oDriver2D:
19.     def __init__(self):
20.         pass
21.
22.     def doP2o(self, pg=None, newPoses=None, N=0):
23.         pg = pg if pg else PoseGraph()
24.         newPoses = newPoses if newPoses else np.empty(0)
25.         nodes = pg.nodes  # ポーズノード
26.         arcs = pg.arcs  # ポーズアーク
27.
28.         # ポーズノードを p2o 用に変換
29.         pnodes = np.empty(0)  # p2o のポーズノード集合
30.         len_nodes = len(nodes)
31.         np_append = np.append
32.         for num in range(0, len_nodes, 1):
33.             node = nodes[num]
34.             pose = node.pose  # ノードの位置
35.             pnodes = np_append(pnodes, Pose2D_p2o(pose.tx, pose.ty, DEG2RAD(pose.
                th)))  # 位置だけ入れる
36.         # ポーズアークを kslam 用に変換
37.         pcons = np.empty(0)  # p2o のポーズアーク集合
38.         for num in range(len(arcs)):
39.             arc = arcs[num]
40.             src = arc.src
41.             dst = arc.dst
42.             relPose = arc.relPose
43.             con = Con2D()
44.             if src is not None:
45.                 con.id1 = src.nid
46.             else:
47.                 con.id1 = 0
48.             if dst is not None:
49.                 con.id2 = dst.nid
50.             else:
```

```
51.                    con.id2 = 0
52.                con.t = Pose2D_p2o(relPose.tx, relPose.ty, DEG2RAD(relPose.th))
53.                for i in range(0, 3, 1):
54.                    for j in range(0, 3, 1):
55.                        con.info_mat[i, j] = arc.inf[i, j]
56.                pcons = np_append(pcons, con)   # 位置だけ入れる
57.
58.        opt = Optimizer2D()   # p2o インスタンス
59.        result = opt.optimize_path(pnodes, pcons, N, 3)   # N 回実行
60.
61.        # 結果を newPose に格納する
62.        for num in range(len(result)):
63.            newPose = result[num]   # i 番目のノードの修正された位置
64.            pose = Pose2D(newPose.x, newPose.y, RAD2DEG(newPose.theta))
65.            newPoses = np_append(newPoses, pose)
66.        return newPoses
```

コード 8-4 [p2o2d.py]

```
1. #!/usr/bin/python
2. # coding: utf-8
3. # This Python program is translated by Atsushi Sakai from the following C++
   software
4. #  and slightly modified by Shuro Nakajima:
5. #    p2o: Petite Portable Pose-graph Optimizer (https://github.com/furo-org/p2o)
   written by Kiyoshi Irie,
6. #    Future Robotics Technology Center (fuRo), Chiba Institute of Technology.
7. # This source code form is subject to the terms of the Mozilla Public License, v. 2.0.
8. # If a copy of the MPL was not distributed with this file, you can obtain one
9. #  at https://mozilla.org/MPL/2.0/.
10.
11. import sys
12. import time
13. import math
14. import numpy as np
15. import matplotlib.pyplot as plt
16. from scipy import sparse
17. from scipy.sparse import linalg
18.
19.
20. class Optimizer2D:
21.     def __init__(self):
22.         self.verbose = False
23.         self.animation = False
24.         self.p_lambda = 0.0
25.         self.init_w = 1e10
26.         self.stop_thre = 1e-3
27.         self.dim = 3  # state dimension
28.
29.     def optimize_path(self, nodes, consts, max_iter, min_iter):
30.         graph_nodes = nodes[:]
31.         prev_cost = sys.float_info.max
32.         for i in range(max_iter):
```

```
33.                    start = time.time()
34.                    cost, graph_nodes = self.optimize_path_one_step(graph_nodes, consts)
35.                    elapsed = time.time() - start
36.                    if self.verbose:
37.                        print("step ", i, " cost: ", cost, " time:", elapsed, "s")
38.
39.                    # check convergence
40.                    if (i > min_iter) and (prev_cost - cost < self.stop_thre):
41.                        if self.verbose:
42.                            print("converged:", prev_cost
43.                                  - cost, " < ", self.stop_thre)
44.                        break
45.                    prev_cost = cost
46.                    if self.animation:
47.                        plt.cla()
48.                        plot_nodes(nodes, color="-b")
49.                        plot_nodes(graph_nodes)
50.                        plt.axis("equal")
51.                        plt.pause(1.0)
52.            return graph_nodes
53.
54.        def optimize_path_one_step(self, graph_nodes, constraints):
55.            indlist = [i for i in range(self.dim)]
56.            numnodes = len(graph_nodes)
57.            bf = np.zeros(numnodes * self.dim)
58.            tripletList = TripletList()
59.            for con in constraints:
60.                ida = con.id1
61.                idb = con.id2
62.                assert 0 <= ida and ida < numnodes, "ida is invalid"
63.                assert 0 <= idb and idb < numnodes, "idb is invalid"
64.                r, Ja, Jb = self.calc_error(
65.                    graph_nodes[ida], graph_nodes[idb], con.t)
66.
67.                trJaInfo = Ja.transpose() @ con.info_mat
68.                trJaInfoJa = trJaInfo @ Ja
69.                trJbInfo = Jb.transpose() @ con.info_mat
70.                trJbInfoJb = trJbInfo @ Jb
71.                trJaInfoJb = trJaInfo @ Jb
72.                for k in indlist:
73.                    for m in indlist:
74.                        tripletList.push_back(
75.                            ida * self.dim + k, ida * self.dim + m, trJaInfoJa[k, m])
76.                        tripletList.push_back(
77.                            idb * self.dim + k, idb * self.dim + m, trJbInfoJb[k, m])
78.                        tripletList.push_back(
79.                            ida * self.dim + k, idb * self.dim + m, trJaInfoJb[k, m])
80.                        tripletList.push_back(
81.                            idb * self.dim + k, ida * self.dim + m, trJaInfoJb[m, k])
82.                bf[ida * self.dim: ida * self.dim + 3] += trJaInfo @ r
83.                bf[idb * self.dim: idb * self.dim + 3] += trJbInfo @ r
84.            for k in indlist:
85.                tripletList.push_back(k, k, self.init_w)
86.            for i in range(self.dim * numnodes):
```

```
87.              tripletList.push_back(i, i, self.p_lambda)
88.
89.         mat = sparse.coo_matrix((tripletList.data, (tripletList.row, tripletList.
           col)),
90.                               shape=(numnodes * self.dim, numnodes * self.dim))
91.         x = linalg.spsolve(mat.tocsr(), -bf)
92.         out_nodes = []
93.         for i in range(len(graph_nodes)):
94.             u_i = i * self.dim
95.             pos = Pose2D_p2o(
96.                 graph_nodes[i].x + x[u_i],
97.                 graph_nodes[i].y + x[u_i + 1],
98.                 graph_nodes[i].theta + x[u_i + 2]
99.             )
100.            out_nodes.append(pos)
101.        cost = self.calc_global_cost(out_nodes, constraints)
102.        return cost, out_nodes
103.
104.    def calc_global_cost(self, nodes, constraints):
105.        cost = 0.0
106.        for c in constraints:
107.            diff = self.error_func(nodes[c.id1], nodes[c.id2], c.t)
108.            cost += diff.transpose() @ c.info_mat @ diff
109.        return cost
110.
111.    def error_func(self, pa, pb, t):
112.        ba = self.calc_constraint_pose(pb, pa)
113.        error = np.array([ba.x - t.x,
114.                          ba.y - t.y,
115.                          self.pi2pi(ba.theta - t.theta)])
116.        return error
117.
118.    def calc_constraint_pose(self, _l, r):
119.        diff = np.array([_l.x - r.x, _l.y - r.y, _l.theta - r.theta])
120.        v = self.rot_mat_2d(-r.theta) @ diff
121.        v[2] = self.pi2pi(_l.theta - r.theta)
122.        return Pose2D_p2o(v[0], v[1], v[2])
123.
124.    def rot_mat_2d(self, theta):
125.        sin_theta = math.sin(theta)
126.        cos_theta = math.cos(theta)
127.        return np.array([[cos_theta, -sin_theta, 0.0],
128.                         [sin_theta, cos_theta, 0.0],
129.                         [0.0, 0.0, 1.0]
130.                         ])
131.
132.    def calc_error(self, pa, pb, t):
133.        e0 = self.error_func(pa, pb, t)
134.        dx = pb.x - pa.x
135.        dy = pb.y - pa.y
136.        sin_theta = math.sin(pa.theta)
137.        cos_theta = math.cos(pa.theta)
138.        dxdt = -sin_theta * dx + cos_theta * dy
139.        dydt = -cos_theta * dx - sin_theta * dy
```

```
140.            Ja = np.array([[-cos_theta, -sin_theta, dxdt],
141.                           [sin_theta, -cos_theta, dydt],
142.                           [0.0, 0.0, -1.0]
143.                           ])
144.            Jb = np.array([[cos_theta, sin_theta, 0.0],
145.                           [-sin_theta, cos_theta, 0.0],
146.                           [0.0, 0.0, 1.0]
147.                           ])
148.        return e0, Ja, Jb
149.
150.    def pi2pi(self, rad):
151.        val = math.fmod(rad, 2.0 * math.pi)
152.        if val > math.pi:
153.            val -= 2.0 * math.pi
154.        elif val < -math.pi:
155.            val += 2.0 * math.pi
156.        return val
157.
158.
159. class TripletList:
160.    def __init__(self):
161.        self.row = []
162.        self.col = []
163.        self.data = []
164.
165.    def push_back(self, irow, icol, idata):
166.        self.row.append(irow)
167.        self.col.append(icol)
168.        self.data.append(idata)
169.
170.
171. class Pose2D_p2o:
172.    def __init__(self, x=0., y=0., theta=0.):
173.        self.x = x
174.        self.y = y
175.        self.theta = theta
176.
177.
178. class Con2D:
179.    def __init__(self, id1=0, id2=0, t=None, info_mat=None):
180.        self.id1 = id1
181.        self.id2 = id2
182.        self.t = t if t else Pose2D_p2o()
183.        self.info_mat = info_mat if info_mat else np.eye(3)
184.
185.
186. def plot_nodes(nodes, color="-r", label=""):
187.    x, y = [], []
188.    for n in nodes:
189.        x.append(n.x)
190.        y.append(n.y)
191.    plt.plot(x, y, color, label=label)
192.
193.
```

```
194. def load_data(fname):
195.     nodes, consts = [], []
196.     for line in open(fname):
197.         sline = line.split()
198.         tag = sline[0]
199.         if tag == "VERTEX_SE2":
200.             # data_id = int(sline[1])
201.             x = float(sline[2])
202.             y = float(sline[3])
203.             theta = float(sline[4])
204.             nodes.append(Pose2D_p2o(x, y, theta))
205.         elif tag == "EDGE_SE2":
206.             id1 = int(sline[1])
207.             id2 = int(sline[2])
208.             x = float(sline[3])
209.             y = float(sline[4])
210.             th = float(sline[5])
211.             c1 = float(sline[6])
212.             c2 = float(sline[7])
213.             c3 = float(sline[8])
214.             c4 = float(sline[9])
215.             c5 = float(sline[10])
216.             c6 = float(sline[11])
217.             t = Pose2D_p2o(x, y, th)
218.             info_mat = np.array([[c1, c2, c3],
219.                                  [c2, c4, c5],
220.                                  [c3, c5, c6]
221.                                  ])
222.             consts.append(Con2D(id1, id2, t, info_mat))
223.     print("n_nodes:", len(nodes))
224.     print("n_consts:", len(consts))
225.     return nodes, consts
```

コード 8-5 [pose_graph.py]

```
 1. #!/usr/bin/python
 2. # coding: utf-8
 3. # This Python program is translated by Shuro Nakajima from the following C++
    software:
 4. #   LittleSLAM (https://github.com/furo-org/LittleSLAM) written by Masahiro Tomono,
 5. #   Future Robotics Technology Center (fuRo), Chiba Institute of Technology.
 6. # This source code form is subject to the terms of the Mozilla Public License, v. 2.0.
 7. # If a copy of the MPL was not distributed with this file, you can obtain one
 8. #  at https://mozilla.org/MPL/2.0/.
 9.
10. import numpy as np
11.
12. from pose2d import Pose2D
13.
14.
15. # ポーズグラフの頂点
16. class PoseNode:
17.     def __init__(self, nid=-1, pose=None, arcs=None):
18.         self.nid = nid
```

```
19.          self.pose = pose if pose else Pose2D()
20.          self.arcs = arcs if arcs else np.empty(0)
21.
22.      def setPose(self, pose):
23.          self.pose = pose
24.
25.      def setNid(self, n):
26.          self.nid = n
27.
28.      def addArc(self, arc):
29.          self.arcs = np.append(self.arcs, arc)
30.
31.
32. # ポーズグラフの辺
33. class PoseArc:
34.      def __init__(self, src=None, dst=None, relPose=None, inf=None):
35.          self.src = src    # このアークの始点側のノード
36.          self.dst = dst    # このアークの終点側のノード
37.          self.relPose = relPose if relPose else Pose2D()  # このアークのもつ相対位置（計測値）
38.          self.inf = inf if inf else np.eye(3)   # 情報行列
39.
40.      def setup(self, s, d, rel, inf):
41.          self.src = s
42.          self.dst = d
43.          self.relPose = rel
44.          self.inf = inf
45.
46.
47. # ポーズグラフ
48. class PoseGraph:
49.      POOL_SIZE = 100000
50.
51.      def __init__(self, nodePool=None, arcPool=None, nodes=None, arcs=None):
52.          self.nodePool = nodePool if nodePool else np.empty(0)
53.          self.arcPool = arcPool if arcPool else np.empty(0)
54.          self.nodes = nodes if nodes else np.empty(0)
55.          self.arcs = arcs if arcs else np.empty(0)
56.
57.      def reset(self):
58.          for i in range(len(self.nodes)):
59.              self.nodes = np.delete(self.nodes, 0, 0)
60.          for i in range(len(self.arcs)):
61.              self.arcs = np.delete(self.arcs, 0, 0)
62.          for i in range(len(self.nodePool)):
63.              self.nodePool = np.delete(self.nodePool, 0, 0)
64.          for i in range(len(self.arcPool)):
65.              self.arcPool = np.delete(self.arcPool, 0, 0)
66.
67.      # ノードの生成
68.      def allocNode(self):
69.          if len(self.nodePool) >= PoseGraph.POOL_SIZE:
70.              print("Error: exceeds nodePool capacity %d" % len(self.nodePool))
71.              return None
72.          node = PoseNode()
```

```
73.          self.nodePool = np.append(self.nodePool, node)   # メモリプールに追加して，それを参
             照する。
74.          return self.nodePool[-1]
75.
76.      # アークの生成
77.      def allocArc(self):
78.          if len(self.arcPool) >= PoseGraph.POOL_SIZE:
79.              print("Error: exceeds arcPool capacity")
80.              return None
81.          arc = PoseArc()
82.          self.arcPool = np.append(self.arcPool, arc)   # メモリプールに追加して，それを参照する。
83.          return self.arcPool[-1]
84.
85.      # グラフ生成
86.      # ポーズグラフにノード追加
87.      def addNode(self, pose):
88.          n1 = self.allocNode()   # ノード生成
89.          self.addNode2(n1, pose)   # ポーズグラフにノード追加
90.          return n1
91.
92.      # ポーズグラフにノード追加
93.      def addNode2(self, n1, pose):
94.          n1.setNid(len(self.nodes))   # ノードID付与．ノードの通し番号と同じ
95.          n1.setPose(pose)   # ロボット位置を設定
96.          self.nodes = np.append(self.nodes, n1)   # nodes の最後に追加
97.
98.      # ノードID(nid)からノード実体を見つける
99.      def findNode(self, nid):
100.         for i in range(len(self.nodes)):   # 単純に線形探索
101.             n = self.nodes[i]
102.             if n.nid == nid:   # nid が一致したら見つけた
103.                 return n
104.         return None
105.
106.     # ポーズグラフにアークを追加する
107.     def addArc(self, arc):
108.         arc.src.addArc(arc)   # 終点ノードに arc を追加
109.         arc.dst.addArc(arc)   # 終点ノードに arc を追加
110.         self.arcs = np.append(self.arcs, arc)   # arcs の最後に arc を追加
111.
112.     # 始点ノード srcNid と終点ノード dstNid の間にアークを生成する
113.     def makeArc(self, srcNid, dstNid, relPose, cov):
114.         inf = np.linalg.inv(cov)   # inf は cov の逆行列
115.         src = self.nodes[srcNid]   # 始点ノード
116.         dst = self.nodes[dstNid]   # 終点ノード
117.         arc = self.allocArc()   # アークの生成
118.         arc.setup(src, dst, relPose, inf)   # relPose は計測による相対位置
119.         return arc
120.
121.     # 始点ノードが srcNid、終点ノードが dstNid であるアークを返す
122.     def findArc(self, srcNid, dstNid):
123.         for i in range(len(self.arcs)):
124.             a = self.arcs[i]
125.             if a.src.nid == srcNid and a.dst.nid == dstNid:
```

```
126.                    return a
127.        return None
```

〔表8-1〕各ファイルで行う処理の概要

loop_detector.py	ループ検出に関する処理をまとめたもの。
p2o_driver2d.py	ポーズ調整を行う処理をまとめたもの。
p2o2d.py	p2o_driver2d.py から呼ばれ、具体的なポーズ調整の各処理をまとめたもの。
pose_graph.py	ポーズ調整をする際に必要なポーズグラフに関する処理をまとめたもの。
slam_back_end.py	ループを検出した際に行う処理をまとめたもの。 その一方で、slam_front_end.py は各処理周期ごとに行う処理をまとめたもの。

　それでは、「6章で説明した内容については同じ」という前提でプログラムの流れに沿って説明しよう。

　slam_launcher.py の run 関数から呼び出している process 関数の実体は slam_front_end.py（コード8-6）にある。コード8-6 の65行目で、現処理周期がキーフレームのとき(23行目でkeyframeSkip=10 と設定されており、10処理周期のたびに)、72行目で detectLoop 関数が呼ばれ、ループ検出の有無を確認する。66～70行目はループ検出機能を動作させるための変数などの準備である。

コード 8-6 ［slam_front_end.py］

```
 1. #!/usr/bin/python
 2. # coding: utf-8
 3. # This Python program is translated by Shuro Nakajima from the following C++
    software:
 4. #  LittleSLAM (https://github.com/furo-org/LittleSLAM) written by Masahiro Tomono,
 5. #   Future Robotics Technology Center (fuRo), Chiba Institute of Technology.
 6. # This source code form is subject to the terms of the Mozilla Public License, v. 2.0.
 7. # If a copy of the MPL was not distributed with this file, you can obtain one
 8. #   at https://mozilla.org/MPL/2.0/.
 9.
10. import numpy as np
11.
12. from point_cloud_map import PointCloudMap
13. from pose_graph import PoseGraph
14. from slam_back_end import SlamBackEnd
15. from covariance_calculator import CovarianceCalculator
16. from loop_detector import LoopDetector
17. from scan_matcher2d import ScanMatcher2D
18. from pose2d import Pose2D
19.
20.
21. # SLAM フロントエンド．ロボット位置推定，地図生成，ループ閉じ込めを取り仕切る．
22. class SlamFrontEnd:
23.     def __init__(self, cnt=0, keyframeSkip=10, smat=None, lpd=None): # RasPiMouse
24.         self.cnt = cnt  # 論理時刻
```

```
25.          self.keyframeSkip = keyframeSkip  # キーフレーム間隔
26.          self.pcmap = PointCloudMap()  # 点群地図
27.          self.pg = PoseGraph()  # ポーズグラフ
28.          self.smat = smat if smat else ScanMatcher2D()  # スキャンマッチング
29.          self.lpd = lpd if lpd else LoopDetector()  # ループ検出器
30.          self.sback = SlamBackEnd()  # SLAM バックエンド
31.          self.sback.setPoseGraph(self.pg)
32.
33.      def setPointCloudMap(self, p):
34.          self.pcmap = p
35.
36.      def setRefScanMaker(self, r):
37.          self.smat.setRefScanMaker(r)
38.
39.      def setDgCheck(self, p):
40.          self.smat.setDgCheck(p)
41.
42.      def initialize(self):   # 初期化
43.          self.smat.reset()
44.          self.smat.setPointCloudMap(self.pcmap)
45.          self.sback.setPointCloudMap(self.pcmap)
46.          self.sback.setPoseGraph(self.pg)
47.
48.      # 現在スキャン scan を処理する。
49.      def process(self, scan):
50.          if self.cnt == 0:
51.              self.initialize()  # 開始時に初期化
52.          self.smat.setDgCheck(True)  # 退化処理をする場合は活かす True
53.          # self.smat.setDgCheck(False) #退化処理をしない場合 False
54.          self.smat.matchScan(scan)  # スキャンマッチング
55.          curPose = self.pcmap.getLastPose()  # スキャンマッチングで推定した現在のロボット位置
56.          # ポーズグラフにオドメトリアークを追加
57.          if self.cnt == 0:  # 最初はノードを置くだけ
58.              self.pg.addNode(curPose)
59.          else:  # 次からはノードを追加して , オドメトリアークを張る
60.              cov = self.smat.getCovariance()
61.              self.makeOdometryArc(curPose, cov)
62.          if self.cnt % self.keyframeSkip == 0:  # キーフレームのときだけ行う
63.              self.pcmap.makeGlobalMap()  # 点群地図の全体地図を生成
64.          # キーフレームのときだけループ閉じ込み
65.          if self.cnt > self.keyframeSkip and (self.cnt % self.keyframeSkip) == 0:
66.              self.lpd.setPoseEstimator(self.smat.estim)
67.              self.lpd.setPoseFuser(self.smat.pfu)
68.              self.lpd.setDataAssociator(self.smat.pfu.dass)
69.              self.lpd.setPointCloudMap(self.pcmap)
70.              self.lpd.setPoseGraph(self.pg)
71.
72.              flag = self.lpd.detectLoop(scan, curPose, self.cnt)  # ループ検出を起動
73.              if flag:
74.                  self.sback.setPointCloudMap(self.pcmap)
75.                  self.sback.setPoseGraph(self.pg)
76.                  self.sback.adjustPoses()  # ループが見つかったらポーズ調整
77.                  self.sback.remakeMaps()  # 地図やポーズグラフの修正
78.          self.cnt += 1
```

```
79.
80.        # オドメトリアークの生成
81.        def makeOdometryArc(self, curPose, fusedCov):
82.            if len(self.pg.nodes) == 0:    # 念のためのチェック
83.                return False
84.            lastNode = self.pg.nodes[-1]    # 直前ノード
85.            curNode = self.pg.addNode(curPose)    # ポーズグラフに現在ノードを追加
86.
87.            # 直前ノードと現在ノードの間にオドメトリアークを張る
88.            lastPose = lastNode.pose
89.            relPose = Pose2D()
90.            relPose = curPose.calRelativePose(lastPose, relPose)
91.            cov = np.eye(3)
92.            cov = CovarianceCalculator.rotateCovariance(lastPose, fusedCov, cov, True)
               # 移動量の共分散に変換
93.            arc = self.pg.makeArc(lastNode.nid, curNode.nid, relPose, cov)    # アークの生成
94.            self.pg.addArc(arc)    # ポーズグラフにアークを追加
95.            return True
```

　73 行目でループ検出が「有り」の場合、つまり「以前通った場所に近い場所にいる」と検出された場合には、74 ～ 77 行目が処理される。76 行目においてポーズ調整が行われ、77 行目において調整後のロボット位置に基づき地図が再作成されるという流れである。

　それでは、loop_detector.py（コード 8-1）にある detectLoop 関数を見てみよう。

　主な処理の流れは 85 行目の for 文において、サブマップを一つずつ確認して、サブマップに保存されている「以前移動したときの位置」の中に、現在位置に近いところがないかを探す。その際に、現在のサブマップ内は検索しない。なぜなら同じサブマップ内には、1 周期前の点も含めて「現在位置に近い点」が無数に認識されるはずだが、本当に検出したいのは、それなりの距離を進んだ後に「以前移動した場所付近を再び訪れた場合」だからである。

　89 行目では、移動した距離を、はじめのサブマップから積算して atdR 変数に代入している。90 行目で「現在までの積算移動距離」と atdR との差を計算し、ある閾値より小さければ、仮に以前訪れた付近の場所だとしても、それほど「ずれ」が積みあがっていないとしてループとして検出しないようにしている。また、少し前に戻るが 81 ～ 84 行目においては、一つ前のループ検出時からある程度の距離を進まない間は、再びループ検出をしないようにしている。理由は、「ループ検出をして、その後のポーズ調整を行う」処理は、計算量が多く時間もかかるからだ。不必要な処理を行わないようにするためである。

　100 行目では、「現在位置」と「以前移動した場所」との距離を評価し、ある閾値より大きければ「ループ検出なし」とする。逆に、ある閾値以下であれば「ループ検出ありそう」として処理を進め、110 ～ 118 行目にてループアークを作成する。ループアークを作成する際には、「現在位置」が、対応する以前のサブマップ上でどこになるのか（再訪点）を求める必要があり、それを 107 行目の estimateRevisitPose 関数（実体は 138 行目 ～ 最終行）で求める。

　estimateRevisitPose 関数内の 152 ～ 170 行目にある for 文で、現在位置の座標を基準に、x, y 方向、そして姿勢の方向を少しずつ変えながら（152 ～ 156 行目の for 文）、その時の各スキャンデータが対応する比較対象データの点（参照データ点 ＝ 各スキャンデータ点の最近傍の点）を求め、その距離が閾値以下であるスキャンデータ群の割合が、ある閾値（現在は 0.8（166 行

目））以上であれば、その位置を再訪点の候補の一つとする。その後、再訪点の候補点のすべてに対して、185 行目で estimatePose 関数を呼び、各候補場所を探索スタート場所とした上で ICP マッチングアルゴリズムを用い、以前のサブマップ上における再訪点の座標を決定する。

117 行目で makeLoopArc 関数を呼び出し、ループアークを作成するが、ループアークの長さは、上記で求めた再訪点としての座標と、以前移動した際の座標の 2 点間の距離である。また、その際に 111 行目で ICP の分散を計算して、作成するアークに分散を設定する。

上記の流れで、ループが検出されると slam_front_end.py（コード 8-6）の 76 行目でポーズ調整、77 行目でポーズ調整後のロボット位置を基準にした地図が再作成される。

ポーズ調整は slam_back_end.py（コード 8-2）の adjustPoses 関数（29～33 行目）で行われ、地図の再作成は remakeMaps 関数（35～42 行目）で行われる。ポーズ調整を行うためのポーズグラフに関する定義や関数は pose_graph.py（コード 8-5）に記されている。

コード 8-2 の adjustPoses 関数の 32 行目で doP2o 関数（実体は p2o_driver2d.py（コード 8-3））を呼び出しているが、処理の実態は p2o2d.py（コード 8-4）に記述されている。「8-2 節　ポーズ調整」の内容を実装したものであるが、より詳細を知りたい場合には、参考文献 [3] を見てほしい。

remakeMaps 関数は slam_back_end.py（コード 8-2）の 42 行目で、処理の実体部分である脚注＊1の point_cloud_map.py の remakeMaps 関数（157 行目～最終行）を呼び出し、ポーズ調整後のロボット位置を基準にしてスキャンデータを配置することにより、修正後の地図を再作成している。つまり、ここで行っていることは、ポーズ調整前の地図の点群データを、ポーズ調整後の地図の点群データに変換することである。各サブマップに保存してある点群をセンサ座標系（ロボット座標系）にいったん戻して（脚注＊1の point_cloud_map.py 171 行目）、それをポーズ調整後のロボットの位置で地図座標系に再変換している（脚注＊1の point_cloud_map.py 172 行目）。

以上が、ループ検出とポーズ調整アルゴリズムの具体的な処理の流れである。

＊1 この point_cloud_map.py はコード 7-5［point_cloud_map.py］のものではなく、ループ検出とポーズ調整機能が入った、8 章の冒頭に掲載している URL の [DL2] にある point_cloud_map.py を指しているので注意。

第9章

実機での
SLAM実現に向けて

ここまでで、SLAM の基礎理論、あるいは、SLAM プログラムの基礎的な処理の流れを一通り把握した。シミュレーションを行い、それなりに動作具合をつかみかけると、何か SLAM をマスターした気がしてくる。

　ただ、実世界で SLAM 技術を使うためには、この技術を実機で活用しなければならない。実機への移行は、経験がない人ほど「簡単にできる」と思いがちである。ただ実際には、いざ実機で活用しようとすると、SLAM の基礎理論の勉強や机上シミュレーションに費やしたのと同程度の準備や時間が必要（つまり、あと半分が残っている）であることがわかる。

　「具体的に実機に移行するときに必要なこと」は次の 3 つである。

　① 「もの」
　② 環境
　③ データ

① 「もの」
　はじめに、① の「もの」とは、SLAM を活用する、動くロボットである。ロボットは「自分で開発したもの」、「購入したもの」のいずれの可能性もある。そして移動形式については、車輪、クローラ、脚型などの可能性がある。このようにさまざまなケースが考えられる中で、SLAM を試すために、ロボット自体に関しては次のような準備が必要となる。

・動くロボットがあること（ハードウェアの準備）
・ロボットの前後方向と回転方向について任意に制御できること（制御ソフトウェアの準備）
・10 ms ～ 200 ms 程度（用途による）の周期でロボットの移動制御ができること

② 環境
　次に、② の環境については以下の 2 つの面がある。
1. 「開発環境」の準備
　ロボットの制御ソフトウェアを改良し、それをロボットのコンピュータに書き込み、改良後のプログラムでロボットを動かせるような開発環境があること

2. 「移動環境」の準備
　実際にロボットが動く環境があること。これに関しては、ロボットの移動能力と動かす環境がマッチしている必要がある。実際には、ロボットによって移動能力は大きく違う。例えば同じ車輪型でも、差が出る。ロボットの移動能力に環境を合わせる場合もあるし、逆の場合もあるだろう。

③ データ
　そして、③ のデータについても、やはり 2 つの面がある。
1. 「センサ」の準備

　ICP を行うためにレーザレンジセンサをロボットに取り付けて、コンピュータがデータを読める必要がある。あるいは、オドメトリについては、車輪の回転情報を必要な周期で取得できる必要がある。

２．「必要なデータの入力」の準備
　センサから、決まったデータ形式で、かつ、求められた周期でデータを読み込み、処理できる必要がある。

　上の①～③の準備を含め実物でシステムを実現しようとすると、理論とシミュレーションの際に軽く仮定していたことが、実は相当な時間と労力を要することに気づくことも多い。

第10章

実機でのデータの取得
（ROSの活用）

　本章では、SLAM を実行するのに必要なデータの取得方法について具体例をあげて記載する。コストと入手性を考え、以下の 2 つのロボットを使ってデータ取得を行うことにする。

・Raspberry Pi Mouse（㈱ アールティ）
・TurtleBot3（ROBOTIS CO.,LTD）

　ここでやりたいことは、それぞれのロボットからレーザレンジセンサとオドメトリのデータを取得することである。初めての場合、センサがロボットに付いていても、どうやって必要なデータを得るのか悩んでしまうはずだ。

　つまり、実機を扱う上では、実デバイスとのやり取り（インターフェース）が一つの関門となる。手元のコンピュータと実デバイスの連携の問題とも言える。

　このような用途で登場するのが ROS（Robot Operating System）である。

　ROS は 2000 年代中ごろにアメリカのシリコンバレーで生まれたロボット用のソフトウェアプラットフォームである。現在はすでに多くのロボットの基盤ソフトウェアとして使用されている。その規模や機能も多岐にわたるが、ROS の役割を著者なりに一言でまとめると、「各モジュールをつなぐためのソフトウェア基盤」となる。ここで各モジュールというのは、ハードウェア、ソフトウェアのいずれのモジュールをも含んだものである。

　ロボットは、多くの機能が組み合わさったものであり、そのため、センサやアクチュエータ、コンピュータが一つのロボットにいくつも統合されている。各モジュールが連携することで総合的な機能の実現につながるため、各モジュールがデータのやり取りを行う必要がある。このモジュール間のデータのやり取りの方法を決め、その仲立ちを行っているのが「ROS」である、とも言えるだろう。

　つまり、今回の場合は、レーザレンジセンサとロボットのコンピュータをつなぎ、レーザレンジセンサの情報をやり取りするために ROS の機能を活用する。あるいは、オドメトリデータをロボットのコンピュータが取得するために ROS の機能を活用する、ということになる。

　ROS は、一般的なロボットで必要になるほとんどの機能に関して、それを提供するデバイス（ソフトウェアも含む）とコンピュータ間のデータのやり取りを支援してくれる。本書の内容の範囲程度では、ROS を使わずともやりたいことを実現できるが、今のロボット開発のトレンドとしては、ROS を活用できるようにしておいたほうがよい。

　それでは、必要なデータを得る方法を一つずつ説明していこう。

10－1節　北陽電機製レーザレンジセンサ URG-04LX-UG01 を載せた Raspberry Pi Mouse（図 10-1）で SLAM を行う場合

　まず、Raspberry Pi Mouse を、ROS を活用して動かす方法は上田氏の著書『Raspberry Pi で学ぶ ROS ロボット入門』[4]（以下『ROS ロボット入門』）（補足情報 https://github.com/ryuichiueda/raspimouse_book_info）に記載されている。おそらく Raspberry Pi Mouse を所有している人は、これらの情報を見てロボットを動かしているだろう。そのため、本書ではそこに書かれていることは、改めて記述はしない。『ROS ロボット入門』は必要な情報がよくまとめられている書籍なので、読者のみなさんは目を通して準備してほしい。なお、この書籍にはGitHub にプログラムを push したときのテストを Travis CI で行う方法などについても記載されているが、それらは慣れていない方には少し難易度が高いので、本書の範囲内では読み飛ばしてもよい。

　ここからは、『ROS ロボット入門』に従って、次の3項目の準備ができている読者を前提として話をすすめる。

・ROS で Raspberry Pi Mouse が使える（『ROS ロボット入門』9章までの内容）
・Raspberry Pi Mouse に URG-04LX-UG01 をつなぎ、そのデータを ROS で読める（『ROS ロボット入門』p.234-240 の内容）
・キーボードからロボットを操縦でき、オドメトリの情報を publish できる（『ROS ロボット入門』p.241-247 の内容）

　何やら難しそうに書いてしまったが、書籍に沿えば準備できるので、安心してほしい。この3項目により、ROS を活用して、キーボードから Raspberry Pi Mouse を動かすことができ、また、レーザレンジセンサのデータを読め、オドメトリ情報を publish できる状態になっているはずである。

〔図 10-1〕北陽電機製レーザレンジセンサ URG-04LX-UG01 を載せた Raspberry Pi Mouse

このような準備状態であれば、本書で行うことは以下の2つになる。

・レーザレンジセンサデータを本書で想定するデータ形式で取得すること
・オドメトリデータを本書で想定するデータ形式で取得すること

　これを実現するプログラムを10章の冒頭に掲載しているURLの[DL3]に保存した。このプログラムは上田氏によって作成されたプログラム（https://github.com/ryuichiueda/pimouse_slam）を基本として、上記の機能について少し追加したものである。
　このプログラムを、上田氏によるRaspberry Pi MouseのROS用ディレクトリの中にraspimouse_slamパッケージとして作成する。もしすでに同じディレクトリがあるならば、いったん削除してコピーしてもよいし、[DL3]にあるプログラムのうち以下の3つのファイルを（上書き）コピーしてもよい。

・scripts/keyboard_cmd_vel.py（コード10-1）
・scripts/motors.py（コード10-2）
・launch/RemoteControlWIthURG.launch（コード10-4）

　その後、catkin_makeでコンパイルすれば、準備完了である。
　次行（次ページ）のコマンドでプログラムが起動でき、Raspberry Pi Mouseをキーボードから操作できるようになる[*1]。

[*1] 2022年2月時点では、すでにubuntu20.04ユーザーも多い。ただ、Raspberry Pi Mouse搭載のRaspberry Piに入れるmicroSDカードを差し替えればubuntu20.04と16.04を手軽に切り替えられるため、本書では、Raspberry Pi Mouse本体のRaspberry PiのOSのみについては、説明が充実している参考文献[4]（ubuntu16.04、Python2.7使用）を前提としている。力のある読者は、本書に記載した変更箇所を抜き出して自分のプログラムに入れ、ubuntu20.04で動かしてもよい。なお、ubuntu20.04に参考文献[4]のソフトウェアを導入した場合には、[DL3]のプログラムを上書きコピーした上で、keyboard_cmd_vel.py（コード10-1）の24行目raw_inputをinputに、29行目print velをprint(vel)に変更して（Python2系とPython3系の違いによる変更）コンパイルすれば、Raspberry Pi Mouseが動作することを確認している。

コード 10-1 ［keyboard_cmd_vel.py］

```
 1. #!/usr/bin/env python
 2. #coding:utf-8
 3. #keyboard_cmd_vel.py
 4. #Copyright (c) 2016 RT Corp. <shop@rt-net.jp>
 5. #Copyright (c) 2016 Daisuke Sato <tiryoh@gmail.com>
 6. #Copyright (c) 2016 Ryuichi Ueda <ryuichiueda@gmail.com>
 7.
 8. #This software is released under the MIT License.
 9. #http://opensource.org/licenses/mit-license.php
10.
11. import rospy
12. from geometry_msgs.msg import Twist
13. from std_srvs.srv import Trigger, TriggerResponse
```

```
14.
15. rospy.wait_for_service('/motor_on')
16. rospy.wait_for_service('/motor_off')
17. rospy.on_shutdown(rospy.ServiceProxy('/motor_off',Trigger).call)
18. rospy.ServiceProxy('/motor_on',Trigger).call()
19.
20. rospy.init_node('keyboard_cmd_vel')
21. pub = rospy.Publisher('/cmd_vel', Twist, queue_size=10)
22. while not rospy.is_shutdown():
23.     vel = Twist()
24.     direction = raw_input('i: forward, ,: backward, j: left forward, l: left
        backward, return: stop > ')
25.     if 'i' in direction: vel.linear.x = 0.20
26.     if ',' in direction: vel.linear.x = -0.20
27.     if 'j' in direction: vel.linear.x = 0.10; vel.angular.z = 1.57
28.     if 'l' in direction: vel.linear.x = -0.10; vel.angular.z = -1.57
29.     print vel
30.     pub.publish(vel)
```

```
$roslaunch pimouse_slam RemoteControlWithURG.launch
```

　なお scripts ディレクトリの中にある .py ファイルは実行権限を付加しておく必要がある。ファイルをコピーする際に実行権限がついていない状態になる場合もあるので、うまく起動しない時には、.py ファイルのファイル属性を確認する。

　それでは、レーザレンジセンサデータを本書用のデータ形式で取得する部分を説明しよう。scripts ディレクトリにある motors.py（コード 10-2）について説明する。

コード 10-2　[motors.py]

```python
1. #!/usr/bin/env python
2. #coding:utf-8
3. #motors.py
4. #Copyright (c) 2016 Ryuichi Ueda <ryuichiueda@gmail.com>
5. #This software is released under the MIT License.
6. #http://opensource.org/licenses/mit-license.php
7. #
8.
9. import sys, rospy, math, tf
10. from pimouse_ros.msg  import MotorFreqs
11. from geometry_msgs.msg import Twist, Quaternion, TransformStamped, Point
12. from sensor_msgs.msg import LaserScan
13. from std_srvs.srv import Trigger, TriggerResponse
14. from pimouse_ros.srv import TimedMotion
15. from nav_msgs.msg import Odometry
16.
17. class Motor():
18.     def __init__(self):
19.         if not self.set_power(False): sys.exit(1)
20.
```

```
21.        rospy.on_shutdown(self.set_power)
22.        self.sub_raw = rospy.Subscriber('motor_raw', MotorFreqs, self.callback_raw_
           freq)
23.        self.sub_cmd_vel = rospy.Subscriber('cmd_vel', Twist, self.callback_cmd_vel)
24.        self.sub_scan = rospy.Subscriber('scan', LaserScan, self.callback_scan)
25.        self.srv_on = rospy.Service('motor_on', Trigger, self.callback_on)
26.        self.srv_off = rospy.Service('motor_off', Trigger, self.callback_off)
27.        self.using_cmd_vel = False
28.        self.srv_tm = rospy.Service('timed_motion', TimedMotion, self.callback_tm)
29.
30.        self.pub_odom = rospy.Publisher('odom', Odometry, queue_size=10)
31.        self.bc_odom = tf.TransformBroadcaster()
32.
33.        self.x, self.y, self.th = 0.0, 0.0, 0.0
34.        self.vx, self.vth = 0.0, 0.0
35.
36.        self.cur_time = rospy.Time.now()
37.        self.last_time = self.cur_time
38.
39.        scan_no_max = 726 #for simpleURG
40.        self.scan = [0]*(scan_no_max*2)   #①どの測定角度＋②スキャンデータの組で保存するため要素
           数を２倍
41.        self.scan_no = 0
42.        self.angle_min = -2.35619449615 #for simpleURG -135deg
43.        self.angle_max = 2.09234976768 #for simpleURG 120deg
44.        self.angle_increment = 0.00613592332229 #for simpleURG 0.36deg
45.        self.angle_total_n = scan_no_max
46.        self.scan_time_secs = 0
47.        self.scan_time_nsecs = 0
48.
49.        path1 = '/home/ubuntu/output_data/URG.dat'
50.        self.f = open(path1,'w')
51.
52.    def set_power(self, onoff=False):
53.        en = "/dev/rtmotoren0"
54.        try:
55.            with open(en,'w') as f:
56.                f.write("1\n" if onoff else "0\n")
57.            self.is_on = onoff
58.            return True
59.        except:
60.            rospy.logerr("cannot write to " + en)
61.
62.        return False
63.
64.    def set_raw_freq(self, left_hz, right_hz):
65.        if not self.is_on:
66.            rospy.logerr("not enpowered")
67.            return
68.
69.        try:
70.            with open("/dev/rtmotor_raw_l0",'w') as lf,\
71.                 open("/dev/rtmotor_raw_r0",'w') as rf:
72.                lf.write(str(int(round(left_hz))) + "\n")
```

```
 73.                    rf.write(str(int(round(right_hz))) + "\n")
 74.            except:
 75.                rospy.logerr("cannot write to rtmotor_raw_*")
 76.
 77.    def onoff_response(self, onoff):
 78.            d = TriggerResponse()
 79.            d.success = self.set_power(onoff)
 80.            d.message = "ON" if self.is_on else "OFF"
 81.            return d
 82.
 83.    def send_odom(self):
 84.            self.cur_time = rospy.Time.now()
 85.            dt = self.cur_time.to_sec() - self.last_time.to_sec()
 86.            self.x += self.vx * math.cos(self.th) * dt
 87.            self.y += self.vx * math.sin(self.th) * dt
 88.            self.th += self.vth * dt
 89.            if self.th > 3.14:
 90.                self.th = self.th - 6.28
 91.            elif self.th < -3.14:
 92.                self.th = self.th + 6.28
 93.
 94.            q = tf.transformations.quaternion_from_euler(0, 0, self.th)
 95.            self.bc_odom.sendTransform((self.x, self.y, 0.0), q, self.cur_time, "base_
        link", "odom")
 96.
 97.            odom = Odometry()
 98.            odom.header.stamp = self.cur_time
 99.            odom.header.frame_id = "odom"
100.            odom.child_frame_id = "base_link"
101.
102.            odom.pose.pose.position = Point(self.x, self.y, 0)
103.            odom.pose.pose.orientation = Quaternion(*q)
104.
105.            odom.twist.twist.linear.x = self.vx
106.            odom.twist.twist.linear.y = 0.0
107.            odom.twist.twist.angular.z = self.vth
108.
109.            if self.scan_no > 0 : #本書のSLAMの入力データファイルと同じ書式にする
110.                output_list =["LASERSCAN"]
111.                output_list.append(self.scan_no)
112.                output_list.append(self.cur_time.secs)
113.                output_list.append(self.cur_time.nsecs)
114.                output_list.append('340') #(723-44)/2 センサから取得できるスキャンデータを半分に間
            引いて保存している
115.                for i in range (44, 724, 1): #大体 -120deg から 120deg までのスキャンデータを保存
116.                    output_list.append(self.scan[i])
117.                output_list.append(self.x) #オドメトリ x方向
118.                output_list.append(self.y) #オドメトリ y方向
119.                output_list.append(self.th) #オドメトリ 回転角度radで保存
120.                output_list.append(self.scan_time_secs)
121.                output_list.append(self.scan_time_nsecs)
122.                for d in output_list:
123.                    self.f.write("%s " %d)
124.                self.f.write("\n")
```

```
125.
126.            self.pub_odom.publish(odom)
127.            self.last_time = self.cur_time
128.
129.     def callback_raw_freq(self,message):
130.            self.set_raw_freq(message.left_hz,message.right_hz)
131.
132.     def callback_cmd_vel(self,message):
133.            if not self.is_on:
134.                return
135.            self.vx = message.linear.x
136.            self.vth = message.angular.z
137.
138.            forward_hz = 80000.0*message.linear.x/(9*math.pi)
139.            rot_hz = 400.0*message.angular.z/math.pi
140.            self.set_raw_freq(forward_hz-rot_hz, forward_hz+rot_hz)
141.
142.            self.using_cmd_vel = True
143.
144.     def callback_scan(self,message):
145.            self.scan_no = message.header.seq
146.            self.scan_time_secs = message.header.stamp.secs
147.            self.scan_time_nsecs = message.header.stamp.nsecs
148.            for i in range (0, self.angle_total_n * 2, 4):
149.                self.scan[int(i/2)] = (self.angle_min + (i/2) * self.angle_increment) *
                   180 / 3.14 # 測定角度のインデックス (deg)
150.                if math.isnan(message.ranges[int(i/2)]):
151.                    self.scan[int(i/2)+1] = 0 # 計測データが nan (計測範囲外) のときは 0 を代入
152.                else:
153.                    self.scan[int(i/2)+1] = message.ranges[int(i/2)] # スキャンデータ
154.
155.     def callback_on(self, message):
156.            return self.onoff_response(True)
157.
158.     def callback_off(self, message):
159.            return self.onoff_response(False)
160.
161.     def callback_tm(self, message):
162.            if not self.is_on:
163.                rospy.logerr("not enpowered")
164.                return False
165.
166.            dev = "/dev/rtmotor0"
167.            try:
168.                with open(dev,'w') as f:
169.                    f.write("%d %d %d\n" %(message.left_hz, message.right_hz, message.
                       duration_ms))
170.
171.            except:
172.                rospy.logerr("cannot write to " + dev)
173.                return False
174.
175.            return True
176.
```

```
177. if __name__=='__main__':
178.     rospy.init_node('motors')
179.     m = Motor()
180.
181.     rate = rospy.Rate(10)
182.     while not rospy.is_shutdown():
183.         m.send_odom()
184.         rate.sleep()
185.     m.f.close()
```

　主なコード追加部分は、scan トピックを subscribe（ROS においては、他のモジュールが発信するトピックを受信すること）し、スキャンデータの値をスキャンデータ用の変数に保存する。また、オドメトリを publish（ROS においては、他のモジュールが受信できるように、トピックを発信すること）するタイミングをレーザレンジセンサのスキャン周期（100 ms）とし、そのタイミングでスキャンデータとオドメトリデータをファイルに保存する、という部分である。

　24 行目で scan トピックを subscribe し、subscribe する際の callback 関数（トピックを受信した時に自動的に呼ばれる関数）を設定する。

　39〜47 行目は、使用するレーザレンジセンサに関する設定である。scan_no_max は 1 回のスキャンでの最大のスキャン点数、angle_min(−2.356 rad = −135 deg), angle_max(2.092 rad = 120 deg) は計測できる範囲の最小角度と最大角度であり、設定の角度はラジアンで指定している（ただし仕様精度を満たすデータとして使えるのは−120 deg〜）。仕様としては 240 度の計測範囲となっているため、−120 deg〜120 deg のデータが流れてくるもの、と考えてしまうが、実際に流れてくるデータは−135 deg〜のデータとなっているためである（もちろん説明書にその旨が書いてあり、簡単に言えば、−135 deg〜−120 deg のデータは読み飛ばして使うように、ということになる）。angle_increment は計測ステップ角（=0.36 deg）である。

　49、50 行目でデータの出力先ファイルを設定し、書き込みモードでオープンする。

　本書の SLAM では、sensor_data_reader.py（コード 10-3）の loadScan 関数内において「レーザスキャンデータとオドメトリデータが同じ周期で保存されている（つまりデータの 1 行にスキャンデータとオドメトリデータが書いてある（図 10-2））」データファイルを入力ファイルとして読み込んでいるため、オドメトリデータを publish する時に、同時にレーザスキャンデータとオドメトリデータをファイルに書き込むことにする。

コード 10-3［sensor_data_reader.py］

```
1. #!/usr/bin/python
2. # coding: utf-8
3. # This Python program is translated by Shuro Nakajima from the following C++
   software:
4. #  LittleSLAM (https://github.com/furo-org/LittleSLAM) written by Masahiro Tomono,
5. #   Future Robotics Technology Center (fuRo), Chiba Institute of Technology.
6. # This source code form is subject to the terms of the Mozilla Public License, v. 2.0.
7. # If a copy of the MPL was not distributed with this file, you can obtain one
8. #  at https://mozilla.org/MPL/2.0/.
9.
10. import numpy as np
```

```
11.
12. from my_util import RAD2DEG
13. from l_point2d import LPoint2D
14.
15.
16. class SensorDataReader:
17.     def __init__(self, angleOffset=0., filepath=None):
18.         self.angleOffset = angleOffset
19.         self.filepath = filepath if filepath else ''
20.
21.     def openScanFile(self, filepath):
22.         try:
23.             inFile = open(filepath)
24.         except OSError:
25.             print('cannot open', filepath)
26.         return inFile
27.
28.     def closeScanFile(self, inFile):
29.         inFile.close()
30.
31.     def setAngleOffset(self, angleOffset):
32.         self.angleOffset = angleOffset
33.
34.     # データファイルから1行読んで各変数にセットする. ファイルの最終行では False を返す.
35.     def loadScan(self, inFile, cnt, scan2d, skip=False):
36.         isScan = inFile.readline()
37.         if not isScan:
38.             return True  # file end
39.         if skip:
40.             return False
41.         data = isScan.split()
42.         if data[0] == "LASERSCAN":
43.             scan2d.setSid(cnt)
44.             pnum = int(data[4])
45.
46.             lps = list()
47.             angle = data[5:(pnum) * 2 + 5:2]
48.             angle = np.array(angle, dtype=float) + self.angleOffset
49.             range_data = np.array(data[6:(pnum) * 2 + 6:2], dtype=float)
50.             for i, d_angle in enumerate(angle):
51.                 if range_data[i] <= scan2d.MIN_SCAN_RANGE or range_data[i] >=
                    scan2d.MAX_SCAN_RANGE:
52.                     continue
53.                 lp = LPoint2D()
54.                 lp.setSid(cnt)
55.                 lp.calXY(range_data[i], angle[i])
56.                 lps.append(lp)
57.             scan2d.setLps(lps)
58.             scan2d.pose.tx = float(data[(pnum) * 2 + 5])
59.             scan2d.pose.ty = float(data[(pnum) * 2 + 6])
60.             scan2d.pose.setAngle(RAD2DEG(float(data[(pnum) * 2 + 7])))
61.             scan2d.pose.calRmat()
62.
63.         return False  # file continue
```

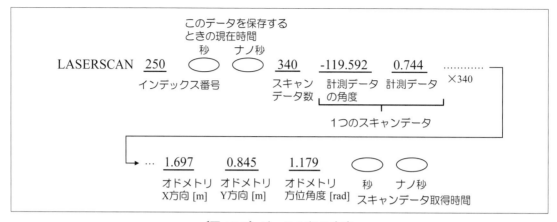

〔図10-2〕データ1行の内容

　オドメトリデータを書き込むとき少し気を付けることは、次のこととなる。

・どのデータが x, y, z, θ（今回は2次元SLAMを考えているため、x, y, θ）にあたるのか？
・データファイルの何項目めに保存するのか？
・各データの単位は何なのか？
・それぞれのデータを得たタイミング（時刻）はいつなのか？

　ここで少し補足しよう。実際にはレーザレンジセンサとオドメトリのそれぞれのデータを得るタイミングは異なる。ただし本書では両方のデータを、100 ms間隔の同じタイミングで取得しているとみなし、処理している。これは、処理の簡単化のためである。本書では、SLAMの勉強という目的で、移動速度が速くないロボットを対象としているため、数十ms程度の取得時間の差が顕著に問題にはならない一方で、高速に移動する場合などは、データ取得タイミングを考慮したアルゴリズムにしないと誤差が大きくなるので注意してほしい。

　さらにもう一点補足すると、本来は、レーザレンジセンサデータは50〜100 ms周期程度で取得するのに対して、オドメトリデータは5〜20 ms周期程度で取得した方がよい。本書ではあくまで簡略化のために、同じ周期で取得するデータとして扱ったが、読者が自分なりのSLAMプログラムを作る時には、それぞれの入力データの特徴に応じた取得周期で、独立して各データを取得でき、取得時刻を考慮して処理するアルゴリズムにした方がよい。なお、データの取得タイミングについては、ROSの中でも重要な問題であるため、センサデータの取得タイミングを表すタイムスタンプがROSのデータ構造の中に入っている。そのため、まずはタイムスタンプを確認する癖をつけておくようにしたい。タイムスタンプを確認して、時間差の程度をおおよそ把握した上で、その影響をデータの処理に反映させるか否かを決めるようにするのがよい。

　話をコード10-2のmotors.pyに戻そう。send_odom関数内の109〜124行目で、本書のデータ形

式と同じになるように、つまり以下のようなデータ形式（図 10-2 と同じ）で、一行ずつ保存する。

"LASERSCAN" "インデックス番号" "現在時間" "スキャンデータ数" "各スキャンデータの値" "オドメトリデータ (x, y, θ)" "データ取得時間"

コード 10-2 の 144 〜 153 行目の callback_scan 関数は、scan トピックを subscribe した時に呼ばれる callback 関数であり、ここでスキャンデータを各変数に格納している。

148 行目では、for 文の i を 0 から angle_total_n×2 まで、4 おきに処理している。×2 にしている理由は、スキャンデータを格納する時に、①「どの計測方向」の②「スキャンデータ」か、というように計測方向角度の情報をつけて変数に保存しているためであり、4 おきに処理を間引いている理由は、URG-04LX-UG01 センサは約 0.36 deg 毎のデータを取得できるが、本書においては、使うデータをその半分にして、処理にかかる時間を短縮しているからである。

スキャンデータが計測範囲外の時には nan としてセンサから出力されるため、nan の場合には、151 行目において計測データを 0 として変数に保存し、数値として処理できるようにしている。

main 関数内の 181 行目では、rospy.Rate(10)（1 秒間に 10 回行う =100 ms）として、オドメトリを publish する関数（183 行目）の周期を 100 ms としている。

keybord_cmd_vel.py ファイル（コード 10-1）については、元のプログラムの操作キーとその指令値を変更して使っている。

RemoteControlWithURG.launch ファイル（コード 10-4）では、キーボードから操作するノード (keyboard_cmd_vel) とロボットの動作をつかさどるノード (motors)、そして、レーザレンジセンサをつかさどるノード (urg_node) を起動し、また、スキャンデータとオドメトリのトピック名を設定している。

コード 10-4 ［RemoteControlWithURG.launch］

```
 1. <launch>
 2.     <node pkg="pimouse_slam" name="keyboard_cmd_vel" type="keyboard_cmd_vel.py"
        required="true"/>
 3.     <node pkg="pimouse_slam" name="motors" type="motors.py" required="true"/>
 4.     <node pkg="urg_node" name="urg_node" type="urg_node" required="true">
 5.       <param name="frame_id" value="base_link"/>
 6.     </node>
 7.
 8.     <arg name="scan_topic" default="/scan"/>
 9.     <arg name="odom_topic" default="/odom"/>
10. </launch>
11.
```

順番が前後するが、SLAM のプログラム（Raspberry Pi Mouse を動かすプログラムではなく、データファイルを読み込んで SLAM を行うプログラム）の scan2d.py（コード 10-5（コード 7-15

の再掲））の 19、20 行目にレーザレンジセンサ URG-04LX-UG01 の仕様値（最大計測距離 4.0 m、最小計測距離 0.06 m）を設定している。この設定により、最小計測距離 0.06 m よりもデータの数値が小さい場合にはスキャンデータとして使わないため、motors.py（コード 10-2、Raspberry Pi Mouse を動かす ROS プログラム）においてスキャンデータが nan のときには 0 を代入してこのデータを使わないようにできたのである。また、sensor_data_reader.py（コード 10-3）の 17 行目で angleOffset の初期値を 0 と設定しているが、これは Raspberry Pi Mouse と同じ向きに URG-04LX-UG01 を取り付けており、ロボットの正面とセンサの正面にずれがないためである。

さて、~/output_data/URG.dat にできたデータファイルを読み込んで SLAM プログラムを実行してみよう。

コード 10-5（コード 7-15 の再掲）[pose2d.py]

```python
1. #!/usr/bin/python
2. # coding: utf-8
3. # This Python program is translated by Shuro Nakajima from the following C++
   software:
4. #  LittleSLAM (https://github.com/furo-org/LittleSLAM) written by Masahiro Tomono,
5. #   Future Robotics Technology Center (fuRo), Chiba Institute of Technology.
6. # This source code form is subject to the terms of the Mozilla Public License, v. 2.0.
7. # If a copy of the MPL was not distributed with this file, you can obtain one
8. #  at https://mozilla.org/MPL/2.0/.
9.
10. import numpy as np
11. import copy
12.
13. from l_point2d import LPoint2D
14. from pose2d import Pose2D
15.
16.
17. # スキャンデータの構造（レーザレンジセンサデータとその時のオドメトリデータ）
18. class Scan2D:
19.     MAX_SCAN_RANGE = 4.0 #4.0(Raspberry Pi Mouse) 3.5(TurtleBot3)
20.     MIN_SCAN_RANGE = 0.06 #0.06(Raspberry Pi Mouse) 0.12(TurtleBot3)
21.
22.     def __init__(self, sid=0, pose=None):
23.         self.sid = int(sid)  # スキャン id
24.         self.pose = pose if pose else Pose2D()  # スキャン取得時のオドメトリ値
25.         self.lps = np.array([LPoint2D()])  # スキャン点群 LPoint2D()
26.
27.     def setSid(self, sid):
28.         self.sid = int(sid)
29.
30.     def setLps(self, ps):
31.         self.lps = copy.deepcopy(ps)
32.
33.     def setPose(self, p):
34.         self.pose = copy.deepcopy(p)
```

10－2節　レーザレンジセンサのついた TurtleBot3 で SLAM を行う場合

　TurtleBot3（図 10-3）も ROS で動かすことが前提になっており、インターネット上（https://emanual.robotis.com/docs/en/platform/turtlebot3/overview/（説明）、https://github.com/ROBOTIS-GIT/turtlebot3（プログラム））に情報がある。この中の「3. Quick Start Guide」の「3.6. Basic Operation」の項で、「キーボードから TurtleBot3 を操作する方法」と「流れているトピックを見る方法」が説明してある。オドメトリのデータは odom トピックとしてすでに存在しており、また、レーザレンジセンサのデータは scan トピックとしてやはり存在している。

　そのため、こられのデータを本書のデータ形式で保存できればよい。

　TurtleBot3 についているレーザレンジセンサ（LDS-01）の仕様（表 10-1）を確認すると Scan rate が 300±10 rpm、つまりスキャン周期が 1 分間で 300 回程度（1 秒間に 5 回程度）というこ

〔図 10-3〕TurtleBot3

〔表 10-1〕レーザレンジセンサの例

	2 次元レーザレンジセンサ		3 次元レーザレンジセンサ	
メーカ	ROBOTIS CO.,LTD	北陽電気株式会社	Velodyne Lidar, Inc.	
型番	360 Laser Distance Sensor LDS-01	UST-30LC	VLS-128-AP Alpha Prime	
レーザ波長	785 nm	905 nm	903 nm	
価格	2 万円程度	40 万円程度	数百万円程度	
スキャンレート	300 ± 10 rpm	25 ms（モータ回転数 2400 rpm）	5 ～ 10 Hz	
計測範囲	120~3500 mm	0.05 ～ 30 m（反射率 90% 白ケント紙）	最大 300 m	
	360 度	270 度	水平 360 度	垂直 40 度
分解能	1 度	0.125 度	水平 0.2 度	垂直 0.1 度

引用元
ROBOTIS CO.,LTD　　https://e-shop.robotis.co.jp/product.php?id=11
北陽電気株式会社　　https://www.hokuyo-aut.co.jp/search/single.php?serial=201#spec
Velodyne Lidar, Inc.　　https://velodynelidar.com/products/alpha-prime/

とで 200 ms の周期となる。レーザレンジセンサのデータの取得周期の方が、オドメトリデータの更新周期よりも長いため、レーザレンジセンサの更新周期でスキャンデータとオドメトリデータを必要な形式で保存することにする。

そのプログラムが 10 章の冒頭に掲載している URL の [DL4] に保存しているものである。

このプログラムは https://github.com/ROBOTIS-GIT/turtlebot3 の turtlebot3_teleop を修正したものである。

具体的には scripts/get_info.py ファイル（コード 10-6）を追加し、launch/turtlebot3_teleop_key.launch ファイル（コード 10-7）に get_info.py を起動する部分を追加したものである。[DL4] からダウンロードしたファイル（コード 10-6、コード 10-7）を、読者の TurtleBot3 の turtlebot3_teleop パッケージの該当する場所に（上書き）コピー（コード 10-6 は scripts ディレクトリごとコピー）してコンパイル（catkin_make）すればよい。このとき、get_info.py には実行権限をつけておくことを忘れないようにする。また、get_info.py（コード 10-6）の 31 行目のデータ保存先については、各自の環境に合わせて修正してほしい。

コード 10-6　[get_info.py]

```
1. #!/usr/bin/env python
2. # coding: utf-8
3.
4. import sys, rospy, math, tf
5. from geometry_msgs.msg import Twist, Quaternion, TransformStamped, Point
6. from sensor_msgs.msg import LaserScan
7. from nav_msgs.msg import Odometry
8.
9. class GetInfo():
10.     def __init__(self):
11.         rospy.on_shutdown(self.myhook)
12.         self.sub_scan = rospy.Subscriber('scan', LaserScan, self.callback_scan)
13.         self.sub_odom = rospy.Subscriber('odom', Odometry, self.callback_odom)
14.
15.         scan_no_max = 360 #for LDS01(turtlebot3)
16.         self.scan = [0]*(scan_no_max*2)
17.         self.scan_no = 0
18.         self.angle_min = 0. #for LSD01(turtlebot3)
19.         self.angle_max = 6.26573181152 #for LDS01(turtlebot3)
20.         self.angle_increment = 0.0174532923847 #for LDS01(turtlebot3)
21.         self.angle_total_n = scan_no_max
22.         self.scan_time_secs = 0
23.         self.scan_time_nsecs = 0
24.
25.         self.odom_x = 0.
26.         self.odom_y = 0.
27.         self.odom_th = 0.
28.         self.odom_time_secs = 0
29.         self.odom_time_nsecs = 0
30.
31.         path_w = '/home/shuro/output_data/LDS01.dat' # 自分の環境に応じて保存先を変更する
32.         self.f = open(path_w,'w')
```

```
33.
34.    def callback_scan(self,message):
35.        self.scan_no = message.header.seq
36.        self.scan_time_secs = message.header.stamp.secs
37.        self.scan_time_nsecs = message.header.stamp.nsecs
38.        for i in range (0, self.angle_total_n*2, 2):
39.            self.scan[i]=(self.angle_min+(i/2)*self.angle_increment)*180/3.14
40.            laser_data = message.ranges[int(i/2)]
41.            if math.isnan(laser_data):
42.                self.scan[i+1] = 0
43.            else:
44.                self.scan[i+1] = laser_data
45.
46.    def callback_odom(self,message):
47.        self.odom_time_secs = message.header.stamp.secs
48.        self.odom_time_nsecs = message.header.stamp.nsecs
49.        self.odom_x = message.pose.pose.position.x
50.        self.odom_y = message.pose.pose.position.y
51.
52.        quaternion = (
53.            message.pose.pose.orientation.x,
54.            message.pose.pose.orientation.y,
55.            message.pose.pose.orientation.z,
56.            message.pose.pose.orientation.w)
57.        euler = tf.transformations.euler_from_quaternion(quaternion)
58.        self.odom_th = euler[2]
59.        #print("%f %f" %(self.odom_x, self.odom_y))
60.
61.    def output(self):
62.
63.        if self.scan_no > 0 :
64.            output_list =["LASERSCAN"]
65.            output_list.append(self.scan_no)
66.            output_list.append(self.scan_time_secs)
67.            output_list.append(self.scan_time_nsecs)
68.            output_list.append('360') # 取得データは全周 (360deg) に対して 1deg ずつのデータ
69.            for i in range (0, 360*2, 1):
70.                output_list.append(self.scan[i])
71.            output_list.append(self.odom_x)
72.            output_list.append(self.odom_y)
73.            output_list.append(self.odom_th)
74.            output_list.append(self.odom_time_secs)
75.            output_list.append(self.odom_time_nsecs)
76.            for d in output_list:
77.                self.f.write("%s " %d)
78.            self.f.write("\n")
79.
80.    def myhook(self):
81.        print("shut down")
82.
83. if __name__=='__main__':
84.    rospy.init_node('get_info')
85.    g = GetInfo()
86.
```

```
87.    rate = rospy.Rate(5)
88.    while not rospy.is_shutdown():
89.        g.output()
90.        rate.sleep()
91.    g.f.close()
```

コード 10-7　[turtlebot3_teleop_key.launch]

```
 1. <launch>
 2.   <arg name="model" default="$(env TURTLEBOT3_MODEL)" doc="model type [burger,
      waffle, waffle_pi]"/>
 3.   <param name="model" value="$(arg model)"/>
 4.
 5.   <!-- turtlebot3_teleop_key already has its own built in velocity smoother -->
 6.   <node pkg="turtlebot3_teleop" type="turtlebot3_teleop_key" name="turtlebot3_
      teleop_keyboard" output="screen">
 7.   </node>
 8.
 9.   <node pkg="turtlebot3_teleop" name="get_info" type="get_info.py"
      output="screen"/>
10. </launch>
```

　コード 10-6、コード 10-7 の動かし方は、インターネット上の TurtleBot3 に関する情報の中にある「3. Quick Start Guide」の「3.6. Basic Operation」と同じであり、以下である。

はじめに自分の PC で ROS master を立ち上げる。

$roscore

その上で、TurtleBot3 に ssh でログインし TurtleBot3 のターミナルで

$roslaunch turtlebot3_bringup turtlebot3_robot.launch

として、TurtleBot3 を起動する。
その後、自分の PC で

$roslaunch turtlebot3_teleop turtlebot3_teleop_key.launch

とし、キーボードから TurtleBot3 を操作する。
操作終了後、~/output_data/LDS01.dat にデータファイルができ上がるので、そのデータファイルを入力ファイルとして SLAM を行えばよい。

　TurtleBot3 用の SLAM プログラム（ループ検出対応）を 10 章の冒頭に掲載している URL の [DL5] に保存したので、そちらを使ってほしい。基本的には Raspberry Pi Mouse 用プログラムと同じであるが、TurtleBot3 についているレーザレンジセンサ（LDS-01）用に数か所プログラムを変更してある。一つは、[DL5] からダウンロードしたファイルの中にある scan2d.py の 19、20 行目に仕様値（最大計測距離 3.5 m、最小計測距離 0.12 m、（この値は著者が調べた限りで

の仕様値である)) を設定している。また、やはり [DL5] からのファイルの中にある pose_fuse.py の fusePose 関数と calOdometryCovariance 関数内にある dT であるが、データの取得周期が 200 ms であるため、dT=0.2 としている。そして 11 章で述べるが [DL5] のファイルの中の covariance_calculator.py 内のパラメータについて TurtleBot3 用に設定している。

それでは TurtleBot3 の ROS プログラム get_info.py (コード 10-6) について説明しよう。

12、13 行目で scan トピックと odom トピックを subscribe するようにし、それぞれの callback 関数を callback_scan, callback_odom とする。

15 ～ 29 行目でレーザレンジセンサ LDS-01 用の変数とオドメトリ用の変数の準備をする。

31、32 行目でデータの保存ファイルを指定する。

34 ～ 44 行目の callback_scan 関数は Raspberry Pi Mouse のプログラムと同様であり、スキャンデータの値を変数に保存する。

46 ～ 59 行目の callback_odom 関数では、odom トピックを subscribe した時に、オドメトリ情報を更新する。57 行目はクォータニオン表現からオドメトリの回転角度を求めるための座標変換である。

61 ～ 78 行目がデータを書き出すための output 関数であり、SLAM プログラムで読めるデータ形式でファイルに書き出しをする。

main 関数内の 87 行目で 1 秒間に 5 回 (200 ms 周期) のループを設定した上で、89 行目で output 関数を呼び、ファイル書き出しをする。

launch/turtlebot3_teleop_key.launch (コード 10-7) では、turtlebot3_teleop_keyboard ノードと get_info ノードを立ち上げている。

第11章

実機データに応じた
パラメータ調整

11章で説明しているプログラムは、弊社 HP からダウンロードできます。下記 URL にアクセスのうえ、「購入者限定ダウンロード」ボタンをクリックして、ID/ パスワードを入力してください。
【URL】https://www.it-book.co.jp/books/130.html
【ID】slam-kagaku
【パスワード】h2FajGJE

　必要なデータを取得し、データ形式もそろえ、SLAM を実行する段階まできた。そして実際に SLAM プログラムを動作させて地図が作成され始める。すると、残念なことにそれなりの確率で、出来上がった地図は精度が悪く、「なんだこれ？　いまいちな仕上がりだ」と思うことになる。多くの実践者がそうだから、たとえそうなったとしても安心してもらいたい。

　そのようなときには SLAM プログラム内のパラメータ調整をする。ただ、パラメータの種類が複数あり、どれをどのように調整すればよいか迷うことになるだろう。はじめは暗中模索状態。うまく光が見えればよいのだが、そのまま暗闇に入り込み、「うまくいかないからやめた」となってしまうことも多い。

　本章は、そんな時のための補助的な内容となる。

　2つの実機（URG-04LX-UG01 センサを搭載した Raspberry Pi Mouse、LDS-01 センサを搭載した TurtleBot3）に関して具体例を説明しつつ、「SLAM を使ってみるか」という気にさせてくれるパラメータ調整方法の勘どころについて説明する。

11 － 1 節　パラメータの調整の方針

　まずは、実機を扱うときに重要なことを挙げておこう。

・実機から取得したデータが、自分が思っている値であるかどうかを確認する

　センサデータであれば、だいたい予想したような値がセンサから得られているか？　精度がどの程度で、あるいは、単位はあっているか、などの確認である。この段階でそもそも食い違いがあると、いくらやってもよい結果は出てこない。「そんなことを行うのは当然でしょう」と感じたかもしれないが、結構頻繁に発生している不具合原因である。もう少し付け加えると、そのような目で元データを見るという行為自体が、自分が扱っているデータの実体をより深く知ることになり、性能改善などのその次のステップにつながりやすくなる。

・実機から取得したデータはもちろん誤差がある。

　ある程度の誤差の範囲であれば、それを確率的な手法を用いてそれなりの結果に持っていくのが SLAM プログラムということになる。実機データの誤差の最大許容誤差レベルは、感覚的な表現になってしまうが、「目分量レベルで正しそうな値が出ているデータ」と考えてよいだろう。特に本書の場合は、レーザレンジセンサデータとオドメトリデータに基づいて SLAM が行われるため、その2つのデータを実環境と照らし合わせて、おおよそ正確であることを確認することが重要である。このプロセスにより、やはりデータ自体の特性や状況も把握できることになる。だいたいの精度がでていればとりあえずは「よし」として、次に進んでも大丈夫であることが多い。

　実機由来のデータについて、ある程度の精度が確認できた後には、いよいよ SLAM アルゴリズム内のパラメータ調整となる。

　重複するが、そもそも実機由来のデータがある程度の精度で取れていないと、いくら SLAM アルゴリズム内のパラメータをいじってもうまくいかない。パラメータの値は、実機由来のデータのぶれを、それらしい着地点に持っていくときの手加減の具合を意味する。そのため、実機由来のデータが修正できる範囲を超えている場合はどうしようもない、ということになる。
　この時に、いわゆる扱っているものの素性についても再度確認しておくことを勧めたい。
　例えば今回の Raspberry Pi Mouse では、オドメトリはステッピングモータの指令値を簡易的に使用している。そのため、周波数に応じた「制御とび」や「滑り」のようなものが反映されていない。よってオドメトリデータは、それほど正確ではない。その一方で、Raspberry Pi Mouse で使用しているレーザレンジセンサ URG-04LX-UG01 の精度は、仕様書によると距離の3%（測定距離 1〜4 m の場合）であり、よい精度である。このことからパラメータ調整の大きな方針としては、レーザレンジセンサに基づく ICP アルゴリズムでの推定の信頼度割合を大きくした方がよいということを、まずは頭にいれておく。
　このような大きな見通しを立てた上で、取得データのブレ具合に応じてパラメータの相対的な大きさを設定していく。つまり本書の SLAM の場合、レーザレンジセンサ情報とオドメトリ情報の重みつき割合、つまり、2つの情報のどちらをどの程度信頼した方がよいかを決める部分について設定する。
　本来は、レーザレンジセンサを用いた ICP スキャンマッチングの分散とオドメトリデータの分散を正確に把握し、その値を使って重みつき平均を取ればよい。ただし本書では、ICP スキャンマッチングの分散に関しては、「プログラム中で求めている値に係数倍をかけたものが、本来の分散共分散行列」であり、係数まで特定していない。あるいは、オドメトリデータの分散は、速度 (v_x, v_y)、角速度 ω の二乗にそれぞれ適当な係数をかけるという、しばしば使われる簡易的なものであり、やはりその係数は、正確な意味を持つというよりは、定性的な意味を反映させている程度である。結局のところ、係数については実際の状況を見ながらユーザーが設定する必要がある。
　実際に本書では、ICP スキャンマッチングの分散の係数を 1 と考えたときのオドメトリデータの各成分に対する係数を調整することにしている。これは、covariance_calculator.py（コード11-1）の 98〜100 行目にあたる。例えば、オドメトリデータの各係数に大きな値を設定すれば、オドメトリデータの分散共分散行列の各要素が大きくなる。つまり分散値が大きくなり、その情報は、あまり重要視されなくなる。なお、98〜100 行目の係数は、ICP スキャンマッチングの分散共分散行列の係数を 1 としたときの相対的なものであり、絶対的な値の大きさはあまり重要ではないことに注意が必要である。

コード 11-1 [covariance_calculator.py]

```
1. #!/usr/bin/python
2. # coding: utf-8
3. # This Python program is translated by Shuro Nakajima from the following C++
   software:
```

```
 4. #  LittleSLAM (https://github.com/furo-org/LittleSLAM) written by Masahiro Tomono,
 5. #   Future Robotics Technology Center (fuRo), Chiba Institute of Technology.
 6. # This source code form is subject to the terms of the Mozilla Public License, v. 2.0.
 7. # If a copy of the MPL was not distributed with this file, you can obtain one
 8. #  at https://mozilla.org/MPL/2.0/.
 9.
10. import numpy as np
11. import math
12.
13. from my_util import DEG2RAD, RAD2DEG, MyUtil
14. from l_point2d import ptype
15.
16.
17. # ICP による推定値の共分散，および，オドメトリによる推定値の共分散を計算する
18. class CovarianceCalculator:
19.     def __init__(self, dd=0.00001, da=0.00001, a1=0., a2=0.):
20.         self.dd = dd
21.         self.da = da
22.         self.a1 = a1
23.         self.a2 = a2
24.
25.     def setAlpha(self, a1, a2):
26.         self.a1 = a1
27.         self.a2 = a2
28.
29.     # ICP によるロボット位置の推定値の共分散 cov を求める
30.     # 推定位置 pose，現在スキャン点群 curLps，参照スキャン点群 refLps
31.     def calIcpCovariance(self, pose, curLps, refLps, cov):
32.         tx = pose.tx
33.         ty = pose.ty
34.         th = pose.th
35.         a = DEG2RAD(th)
36.         Jx_list = list()
37.         Jy_list = list()
38.         Jt_list = list()
39.
40.         for i in range(len(curLps)):
41.             clp = curLps[i]   # 現在スキャンの点
42.             rlp = refLps[i]   # 参照スキャンの点
43.             if rlp.type == ptype.ISOLATE:   # 孤立点は除外
44.                 continue
45.             pd0 = self.calPDistance(clp, rlp, tx, ty, a)   # コスト関数値
46.             pdx = self.calPDistance(clp, rlp, tx + self.dd, ty, a)   # x を少し変えたコス
                   ト関数値
47.             pdy = self.calPDistance(clp, rlp, tx, ty + self.dd, a)   # y を少し変えたコス
                   ト関数値
48.             pdt = self.calPDistance(clp, rlp, tx, ty, a + self.da)   # th を少し変えたコ
                   スト関数値
49.
50.             Jx_list.append((pdx - pd0) / self.dd)   # 偏微分（x 成分）
51.             Jy_list.append((pdy - pd0) / self.dd)   # 偏微分（y 成分）
52.             Jt_list.append((pdt - pd0) / self.da)   # 偏微分（th 成分）
53.
54.         # ヘッセ行列の近似 J^TJ の計算
```

```
55.         hes = np.zeros((3, 3))   # 近似ヘッセ行列．0で初期化
56.         for i in range(len(Jx_list)):
57.             hes[0, 0] += Jx_list[i] * Jx_list[i]
58.             hes[0, 1] += Jx_list[i] * Jy_list[i]
59.             hes[0, 2] += Jx_list[i] * Jt_list[i]
60.             hes[1, 1] += Jy_list[i] * Jy_list[i]
61.             hes[1, 2] += Jy_list[i] * Jt_list[i]
62.             hes[2, 2] += Jt_list[i] * Jt_list[i]
63.
64.         # J^TJ が対称行列であることを利用
65.         hes[1, 0] = hes[0, 1]
66.         hes[2, 0] = hes[0, 2]
67.         hes[2, 1] = hes[1, 2]
68.
69.         cov = np.linalg.inv(hes)   # 共分散行列は（近似）ヘッセ行列の逆行列
70.
71.         return cov
72.
73.     # 垂直距離を用いた観測モデルの式
74.     def calPDistance(self, clp, rlp, tx, ty, th):
75.         x = math.cos(th) * clp.x - math.sin(th) * clp.y + tx   # clp を推定位置で座標変換
76.         y = math.sin(th) * clp.x + math.cos(th) * clp.y + ty
77.         pdis = (x - rlp.x) * rlp.nx + (y - rlp.y) * rlp.ny   # 座標変換した点から rlp への
                                                                   垂直距離
78.         return pdis
79.
80.     # オドメトリによる推定値の共分散
81.     def calMotionCovarianceSimple(self, motion, dT, cov):
82.         dis = math.sqrt(motion.tx * motion.tx + motion.ty * motion.ty)   # 移動距離
83.         vt = dis / dT   # 並進速度 [m/s]
84.         wt = DEG2RAD(motion.th) / dT   # 角速度 [rad/s]
85.         vthre = 0.001   # vt の下限値．同期ずれで0になる場合の対処も含む
86.         wthre = 0.05   # wt の下限値 0.05(Raspberry Pi Mouse), 0.01(TurtleBot3)
87.
88.         if vt < vthre:
89.             vt = vthre
90.         if wt < wthre:
91.             wt = wthre
92.
93.         dx = vt
94.         dy = vt
95.         da = wt
96.
97.         C1 = np.eye(3)
98.         C1[0, 0] = 3. * dx * dx   # 並進成分 x 3.0(Raspberry Pi Mouse), 1.0(TurtleBot3)
99.         C1[1, 1] = 3. * dy * dy   # 並進成分 y 3.0(Raspberry Pi Mouse), 1.0(TurtleBot3)
100.        C1[2, 2] =300. * da * da   # 回転成分　オドメトリの回転成分ずれが大きい場合
                                         300.0(Raspberry Pi Mouse), 25.0(TurtleBot3)
101.
102.        cov = C1
103.
104.        return cov
105.
106.    # 共分散行列 cov を pose の角度分だけ回転させる
```

```
107.        @staticmethod
108.        def rotateCovariance(pose, cov, icov, reverse):
109.            cs = math.cos(DEG2RAD(pose.th))   # pose の回転成分 th による cos
110.            sn = math.sin(DEG2RAD(pose.th))
111.            J = np.zeros((3, 3))   # 回転のヤコビ行列
112.            J[0, 0] = cs
113.            J[0, 1] = -sn
114.            J[0, 2] = 0.
115.            J[1, 0] = sn
116.            J[1, 1] = cs
117.            J[1, 2] = 0.
118.            J[2, 0] = 0.
119.            J[2, 1] = 0.
120.            J[2, 2] = 1.
121.            JT = J.transpose()
122.            if reverse:
123.                icov = JT @ cov @ J   # 逆回転変換
124.            else:
125.                icov = J @ cov @ JT   # 回転変換
126.            return icov
```

11－2節　具体的なパラメータ調整

　パラメータの設定方法について考える。まずは、具体的な設定値の例を見てみよう。

　covariance_calculator.py（コード 11-1）の calMotionCovarianceSimple 関数内（98 ～ 100 行目）で分散共分散行列の要素を設定している。これは簡易的なオドメトリデータの分散共分散行列であり、対角要素以外は 0 としている。また、対角要素は、(1,1) 成分が並進 x 成分、(2,2) 成分が並進 y 成分、(3,3) 成分が回転成分である。

Raspberry Pi Mouse の設定値の例としては

$C1(0,0) = 3.0, C1(1,1) = 3.0, C1(2,2) = 300.0$

TurtleBot3 の設定値の例としては

$C1(0,0) = 1.0, C1(1,1) = 1.0, C1(2,2) = 25.0$

としている。

　また、これに関連する設定値として 85、86 行目において

Raspberry Pi Mouse では vthre = 0.001, wthre = 0.05
TurtleBot3 では vthre=0.001, wthre=0.01

としている。

　「これらの値の決め方をどうするのか？」が、ここでの話題である。

98～100 行目の数字は、オドメトリデータの各要素の分散の値を決める係数であり、まずはこの値の意味を考えてみよう。

例えば、オドメトリデータの正確さと精度が高ければ、オドメトリデータの分散の値を小さくして、ICP スキャンマッチングデータとの重み平均におけるオドメトリデータの影響力を大きくするべきである。

そこで、98～100 行目の値を設定するために、オドメトリデータだけによる地図作成と ICP スキャンマッチングだけによる地図作成を行って様子をみる。ここで、オドメトリデータの成分は、大まかに直進成分と回転成分に分かれる。そのため、廊下などの単純な環境でロボットに①直進と②回転をさせて、その際の地図作成状況を確認することにする。

図 11-1 の環境において、ロボットを直進させオドメトリデータのみを用いて地図作成したのが図 11-2(a)（Raspberry Pi Mouse）、図 11-3(a)（TurtleBot3）であり、ICP スキャンマッチングだけにより地図作成したのが図 11-2(b)（Raspberry Pi Mouse）、図 11-3(b)（TurtleBot3）である。それぞれの図とデータファイルの対応は次のようになっているので、ダウンロードしたファイルを使って SLAM プログラムを動かしてみてほしい。

図 11-2(a) と (b)：11 章の冒頭に掲載している URL の [DL2] からのダウンロードファイル中の data/urg_straight.dat

図 11-3(a) と (b)：11 章の冒頭に掲載している URL の [DL5] からのダウンロードファイル中の data/lds01_straight.dat

動かし方は、例えば図 11-2 を試す場合には、[DL2] のプログラムを使い、次のようになる。

```
$ python slam_launcher.py data/urg_straight.dat 0
```

図 11-3 を試す場合には [DL5] のプログラムを使う。

ここで、「オドメトリデータのみを用いた地図作成」というのは、各ダウンロードファイル

〔図 11-1〕地図作成の環境

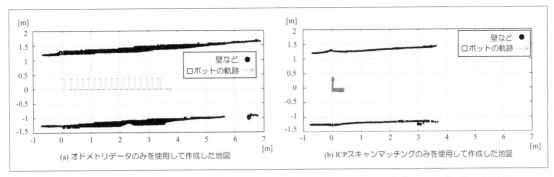

〔図 11-2〕〔図 11-1〕の環境でロボット（Raspberry Pi Mouse）を直進させて作成した地図

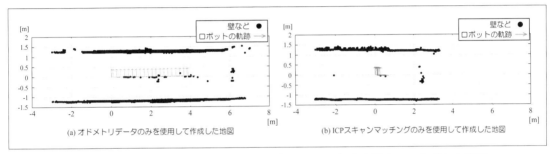

〔図 11-3〕〔図 11-1〕の環境でロボット（TurtleBot3）を直進させて作成した地図

中にある slam_launcher.py の 136 行目の sl.setOdometryOnly(True) のコメントアウトを外し、137 行目をコメントアウトした状態で、SLAM プログラムを動かして地図作成したものである。ここで使うファイルはダウンロード先が [DL2] か [DL5] であることに注意してもらいたいが、上記の 136 行目と 137 行目は、ダウンロード先が 11 章の冒頭に掲載している URL の [DL1] の slam_launcher.py（コード 7-1〔slam_launcher.py〕）で言えば 133 行目と 134 行目に該当する。自分の結果と図が異なる場合には、どのダウンロード先からのプログラムを使用しているか確認してほしい。

　また「ICP スキャンマッチングだけによる地図作成」というのは、ダウンロード先が 11 章の冒頭に掲載している URL の [DL2] か [DL5] の slam_front_end.py の 52 行目をコメントアウトして、53 行目の self.smat.setDgCheck(False) のコメントアウトを外した状態（つまり退化処理をしない状態）で地図作成したものである。ダウンロード先が [DL1] の slam_front_end.py（コード 7-2〔slam_front_end.py〕）で言えば 43 行目と 44 行目に該当する。「オドメトリデータのみを用いた地図作成」で変更した slam_launcher.py の 136 行目と 137 行目については、元の状態に戻しておく。

　さらに、TurtleBot3 で図 11-3(b)（後の図 11-8(b) も同様）を試す場合には、ダウンロード先が [DL5] の slam_front_end.py の 72～77 行目にある flag = self.lpd.detectLoop(scan, curPose, self.cnt) ～ self.sback.remakeMaps() の各行をコメントアウトしてほしい。この理由は、ICP スキャンマッチングにより自己位置が推定されるわけだが、前後の特徴量が不足するために（実際には正

しくないが）自己位置推定値が前後に行ったり来たりするような状況にもなる。このときに、現状のプログラムでは、point_cloud_map.py の addPose 関数内の累積走行距離の計算が絶対値での計算となっているため、後ろ方向に位置がずれた場合でも移動距離として累積し、サブマップの更新が発生する。この状態で以前通った場所と近い位置にいると、ループを誤検知してしまうからである。本来は、ロボットが後退した場合には累積距離も減少するようなプログラムに修正するべきであるので、力のある読者は修正案を考えてみてほしい。

データファイル（Raspberry Pi Mouse：data/urg_straight.dat と TurtleBot3：data/lds01_straight.dat）を取得する際の実験では、どちらのロボットに対しても、まっすぐに進むような指令を与えた。しかし実際には、ロボットは完全にまっすぐ（x 方向に）進んだわけではなく、横方向（y 方向）に少しずれて動いた。Raspberry Pi Mouse は実測で $(x, y) = (3.21, 0.14)$ まで動き、その際のオドメトリデータは $(x, y) = (3.42, 0)$ だった（つまり、オドメトリ / 実際の移動距離 =107%）。TurtleBot3 では実測 $(x, y) = (3.74, 0.03)$ に対して、オドメトリデータは $(x, y) = (3.88, 0.05)$ だった（オドメトリ / 実際の移動距離 =104%）。

オドメトリデータのみを使って作った地図である、図 11-2(a)、図 11-3(a) のロボットの軌跡は、与えた直進指令がそのままオドメトリデータとなって地図中に書かれるため、まっすぐになっているが、比較的実験時の動作を表している。

その一方で ICP スキャンマッチングだけの SLAM の場合には、図 11-2(b) と図 11-3(b) のように、ロボット自体が地図内でほとんど動いていないことになっている。これは、廊下は横に壁があるだけであり、前後方向に特徴的な形がないため、ICP スキャンマッチングではデータが退化して、正確な地図作成ができないからである。図 11-2、11-3 から、やはり ICP スキャンマッチングの退化対策のためには、オドメトリデータと融合する必要はあるということがわかる。

次に、同じ環境において、ロボットを旋回させた場合が図 11-4、図 11-5 である。オドメトリデータのみを用いて地図作成したのが図 11-4(a)（Raspberry Pi Mouse）、図 11-5(a)（TurtleBot3）であり、ICP スキャンマッチングだけにより地図作成したのが図 11-4(b)（Raspberry Pi Mouse）、図 11-5(b)（TurtleBot3）である。Raspberry Pi Mouse は、0 deg の向きから実測で 200 deg（オドメトリデータは 162 deg）、TurtleBot3 は、0 deg の向きから実測で -181 deg（オドメトリデータは -180 deg）まで旋回した際のデータである。なお、Raspberry Pi Mouse は片方の車輪を中心に旋回し、TurtleBot3 はロボットの中心に対して旋回させた。データファイルは、Raspberry Pi Mouse が data/urg_turn.dat、TurtleBot3 が data/lds01_turn.dat である。

作成された地図を見ても分かるが、Raspberry Pi Mouse のオドメトリデータにより作成した図 11-4(a) の地図は、回転のオドメトリデータがずれており、地図もかなり不正確になっている。図 11-5(a) の TurtleBot3 の方も廊下の壁がそれなりにずれた地図ができている。

ICP スキャンマッチングだけの場合を見ると、図 11-4(b)、図 11-5(b) のどちらの場合もオドメトリデータだけで作成した地図よりも、実際の廊下らしい地図ができている。つまり、（今回の実験条件では）回転に関してのオドメトリデータは不正確さが大きい（特に Raspberry Pi Mouse は大きい）ことがわかった。

ここで、退化があまり発生しない環境での地図作成状況を見てみよう。

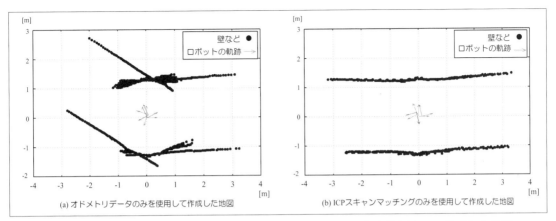

〔図 11-4〕〔図 11-1〕の環境でロボット（Raspberry Pi Mouse）を旋回させて作成した地図

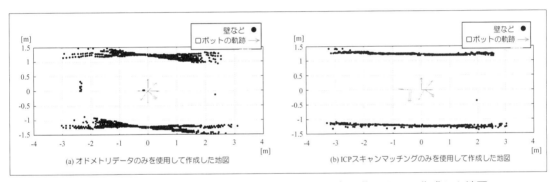

〔図 11-5〕〔図 11-1〕の環境でロボット（TurtleBot3）を旋回させて作成した地図

　図 11-6 の環境でロボットを移動させた場合が図 11-7、図 11-8 である。使うプログラムとデータファイルは、Raspberry Pi Mouse が 11 章の冒頭に掲載している URL の [DL2] で data/urg2.dat、TurtleBot3 が [DL5] で data/lds01_1.dat である。オドメトリデータのみを用いて地図作成したのが図 11-7(a)（Raspberry Pi Mouse）、図 11-8(a)（TurtleBot3）であり、ICP スキャンマッチングだけにより地図作成したのが図 11-7(b)（Raspberry Pi Mouse）、図 11-8(b)（TurtleBot3）である。これらを見ると、オドメトリだけで作成した地図は、どちらもあまり出来上がりがよくなく、特に Raspberry Pi Mouse の方はうまくいっていないことが一目でわかる。その一方で、ICP スキャンマッチングだけで作成した地図は、どちらもそれなりに地図ができている。つまり、レーザレンジセンサデータを使った ICP スキャンマッチングは、退化が起きるような環境でなければ、それなりに使えそうだということである。図 11-7(b) と図 11-8(b) を比較すると図 11-7(b) の Raspberry Pi Mouse の方が、図 11-8(b) の TurtleBot3 よりも、若干よい仕上がりの地図に見えるが、この理由は、センサ性能の違いであろう。つまり、URG-04LX-UG01 の方が LDS-01 よりも性能が高い（もちろん価格も高いが）からである。

　今回の 2 つのロボットについて、今まで行ったことを全体的にまとめる。ただし、あくまで

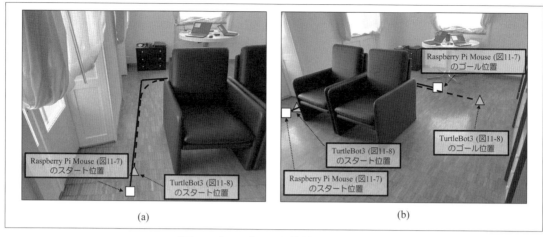

〔図 11-6〕ロボットを移動させた環境

も、今回実験で使ったハードウェア（ロボット、センサ）と環境での場合である。

　今回のハードウェア（ロボット、センサ）で屋内環境を移動する場合、以下のような方針で
パラメータを調整していく。

・第一に、ICP スキャンマッチングに重みをおいて地図を作成した方がよい。
・ただし、退化が起こりやすい環境ではオドメトリデータによる融合をした方がよい。
・オドメトリデータに関しては、各ロボットで、x, y 方向、回転方向で精度に偏りがあり、係
　数を設定する時はそれを反映する必要がある。特に回転方向のずれに関しては、障害物まで
　の距離に比例して「ずれ」が大きくなるため、x, y 方向よりも係数を大きくするのが自然で
　ある。

　それを反映した設定値の一例が

・Raspberry Pi Mouse：C1(0,0) = 3.0, C1(1,1) = 3.0, C1(2,2) = 300.0
・TurtleBot3：C1(0,0) = 1.0, C1(1,1) = 1.0, C1(2,2) = 25.0

なのである。つまり、TurtleBot3 の方がオドメトリデータの信頼性が高そうなため係数は小さ
くし（＝小さな分散となる）、また、特に Raspberry Pi Mouse は回転方向の信頼性が悪いので大
きな設定値（＝大きな分散となる）となっている。

　ここで、covariance_calculator.py（コード 11-1）の 85、86 行目の vthre と wthre 変数について
補足しよう。
　この設定値は、x, y 方向の速度と回転角速度に関する下限値を設定し、「最低でも下限値に

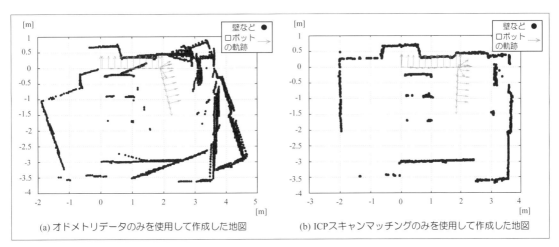

(a) オドメトリデータのみを使用して作成した地図　　　(b) ICPスキャンマッチングのみを使用して作成した地図

〔図 11-7〕ロボット（Raspberry Pi Mouse）を〔図 11-6〕の環境で移動させて作成した地図

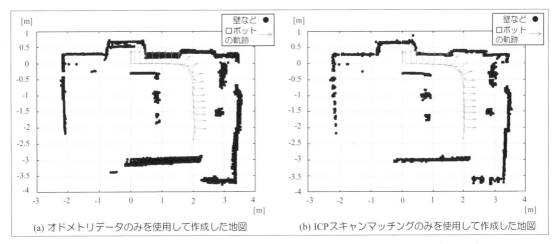

(a) オドメトリデータのみを使用して作成した地図　　　(b) ICPスキャンマッチングのみを使用して作成した地図

〔図 11-8〕ロボット（TurtleBot3）を〔図 11-6〕の環境で移動させて作成した地図

基づく分散値を持つ」ようにするものである。この下限値がないと、速度や角速度が 0 になると分散も 0 となり、オドメトリデータの信用度が必要以上に大きくなってしまうためであり、これを防ぐ目的で設定する。本書では、x, y 方向は 1 mm/s 程度（かなり遅い速度）相当の分散は持たせ、回転方向は TurtleBot3 では 0.6 deg/s 程度相当（Raspberry Pi Mouse は回転方向のオドメトリの信頼度が低いためその 5 倍）の分散を持たせた。この値の設定方法については、「少しずつ値を変えながら試行錯誤する」ということにはなる。実機を動かしてみて、例えば回転角速度について「操作指令値に対して大体 1 deg/s 程度の誤差の範囲内で動作している」、「誤差の範囲は 3 deg/s ぐらいありそう」という目分量を初期値として、そこから少しずつ値をずらしてみればよい。

　繰り返しになるが、実際にはオドメトリの分散の値は、ICP スキャンマッチングの分散の値との相対的な関係で重みづけが決まる。そのため、ICP スキャンマッチングの分散の値がどの程度の範囲で出ているのかを確認しておくのがよい。例えば、covariance_calculator.py の calIcpCovariance 関数と calMotionCovarianceSimple 関数の最終行の前に print(cov) などとして、それぞれの分散共分散行列を確認してみるのである。

　TurtleBot3 を図 11-1 の廊下を走行させたときのデータを使い、前述の設定値で SLAM プログラムを動かし、ICP スキャンマッチングの分散共分散行列とオドメトリデータの分散共分散行列の確認を行った。図 11-9 はその確認の 1 シーンである。また、TurtleBot3 を図 11-11 の環境で走行させたときのデータを用いたときの 1 シーンが図 11-10 である。特徴的なのは、図 11-9 において、ICP の分散共分散行列の (1, 1) 要素の値が 0.37（3.69.. ×10^{-1}）であり、(2, 2) 要素の 0.0037（3.71.. ×10^{-3}）と比較して大きく異なる一方で、図 11-10 の対応する要素の値は

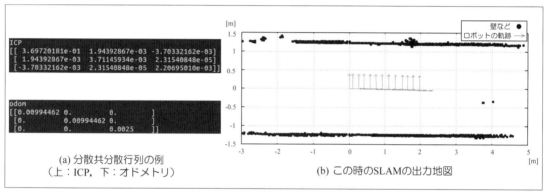

〔図 11-9〕ロボット（TurtleBot3）を〔図 11-1〕の環境で走行させたときのデータ

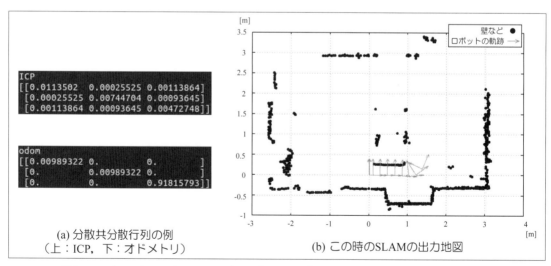

〔図 11-10〕ロボット（TurtleBot3）を〔図 11-11〕の環境で走行させたときのデータ

0.011 と 0.0074 であり、図 11-9 の 2 つの値の違いよりは異なっていないことである。つまり、図 11-1 の廊下環境では前後方向の情報量が少ないため前後方向の分散の値が大きく、図 11-11 のような環境では前後方向、左右方向とも分散の値が同程度なのである。

　分散共分散行列の各要素の値を確認したときに、移動中のほとんどの部分であまりにも桁数が異なる値になっていると、一方的な重みづけをしている可能性があるため、注意する必要がある。なお、これらの値は、環境に応じて、あるいは、移動速度に応じて変化しているため、なかなか一律にどうこうと言えない。読者の方は、まずはこの行列を確認するという癖をつけて、パラメータ調整をする中で、地図作成がうまくいく場合といかない場合でどのような値の動きになっているのかをみながら、値設定のバランスを身につけるのがよいだろう。

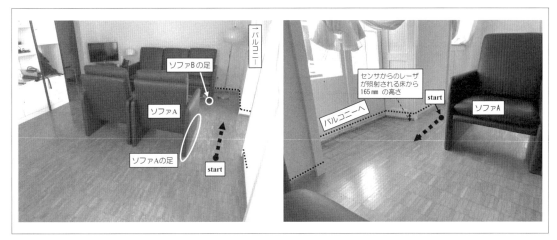

〔図 11-11〕ロボットを移動させた環境

第12章

振り返りと
次のステップに向けて

SLAM の最新技術はどんどん研究開発が進んでいる。国際会議や論文で SLAM に関わるものは数えきれないほどである。それは、SLAM の本質が推測であり、単純な事象の推測ではなく複雑に重なりあったような事象の推測であるため、多くの推測方法が考えられ、また、事象に応じてその性能に差が出るためであろう。

　ただし、基本的な考え方は変わらない。

　そのためまずは、基本的な考え方を理解することが重要である。その際に、実機を使って一連の流れを自分でやってみることが、全体像理解のためには役立つ。もちろん時間と労力はそれなりにかかる。ただ、本を読んでなんとなく考え方が分かった気になったとしても、実際の理解度はかなり低い。私自身もそうである。自分で全体を通してやってみて初めて、壁にぶつかり（もちろんこの壁は人によって異なる）、それを超えることによってその人にとっての理解が進む。これは、読者の多くがすでに経験していることだと思う。

　話を戻そう。

　読者が次のステップに進むためにぜひおすすめしたいことをまとめる。

　まずは本書で扱っていない、自分で選んだロボットを用いて、自分の家、あるいは、職場で SLAM により地図を作ってみよう。おそらく、本書に書いてある内容から少し工夫しないと自分のロボットに適用できない事象が出てくるだろう。そのような問題に向き合うことで、そこを突破口として、徐々に全体のアルゴリズムの把握が進んでいく。この時のポイントは、適度な壁に当たることである。つまり、だいたいは同じだが少しは違うロボットシステムを用いることで、「おおよそ本に書いてある通りだが、少し工夫しなければならない」という状況が生まれる。どこか 1 か所について理解を深めるきっかけができると、そこをきっかけとして芋づる式に理解度が進む。

　次に、このような経験を行った後には、少し使い込んでみるのがよい。そうするうちに、パラメータ調整含めた SLAM の勘どころが何となく自分のものになる。

　さらに進んで、最先端へのキャッチアップをしたい。例えば IEEE Xplore のサイトを使って SLAM というキーワードで論文、記事検索をしてみよう。数えきれないほどの報告があることに気づく。その中から自分が興味ある SLAM 手法について読み、最先端の SLAM 手法を理解していこう。SLAM の勘どころを知っているからこそ、そこで議論されていることの概要も理解できるだろう。そうすれば、そこで展開されている数式に対して、戦意を喪失せず向かい合うことができるだろう。

　最後に興味が出てきたなら、自分なりの機器、アルゴリズムを使って SLAM を改良し、研究発表をしていくのがよいだろう。

第13章

ロボットの歴史と
新しいロボット産業の
実現に向けて

SLAM という特定の技術について知識を得た今だからこそ、一歩下がった広い視野からロボットについての教養を深めよう。そして、身の回りで活躍できるロボットの実現を共に目指したい。

13－1節　ロボットの歴史

実は、今も昔も活躍しているロボットの筆頭といえば「産業用ロボット」である。産業用ロボットは、自動車工場などで稼働する「腕型」ロボットのことである。この腕型ロボットの原型は、1960 年頃にアメリカのエンゲルバーガー博士らによって生み出されたものである。エンゲルバーガー博士は「ユニメーション社」を設立し、腕型ロボット「ユニメート」（図 13-1）を世に送り出した。そして、1967 年に日本の東京国際見本市会場において、この腕型ロボットを展示したことで、日本での産業用ロボットの導入がスタートした。

川崎重工業がユニメーション社とライセンス契約をして、産業用ロボットの国産化が始まったのである。この十数年後の 1980 年代には、日本はロボット大国となる。

なぜ日本がロボット大国になったのかを振り返ってみよう。もう一度念押ししておくと、ロボット大国という文字中の「ロボット」は、「産業用」ロボットを意味している。

1970 年代、日本の自動車生産台数が拡大する中で、人手不足と労働環境の改善は自動車メーカーにとって大きな課題だった。その解決に大きく貢献したのが、産業用ロボット（図 13-2）だったのである。産業用ロボットは、製造ラインにおいて、決められた組み立て作業や塗装作業、溶接作業をもくもくとこなすことができる性能を備えていた。塗装作業や溶接作業は、有害物質や温度などの面で作業者にとっては劣悪な環境であり、また、同じ作業の繰り返しは作業者への負担が大きかった。それらの作業を産業用ロボットが代替できたため、爆発的に工場への産業用ロボットの導入が進んだのである。なお、製造ラインでつくる車種を変更する時に、ハードウェアは大きく変更せずともソフトウェアを変更するだけで対応できたことも、

〔図 13-1〕ユニメート
(ROBOTS https://robots.ieee.org/robots/unimate/?gallery=photo1 より抜粋
（最終閲覧日：2022 年 6 月 20 日））

〔図 13-2〕国内最初のスポット溶接ライン
（一般社団法人日本ロボット学会の年表サイト http://rraj.rsj-web.org/ja_history より抜粋
（最終閲覧日：2022 年 6 月 20 日））

導入が進んだ理由であろう。

　そして 1970 年代に起きた 2 度のオイルショックにより、原材料価格が高騰した。価格を抑えるためには効率的なモノづくりがさらに重要になる中で、自動車産業での産業用ロボットの導入実績が、電機産業などの広範な産業への産業用ロボット導入を後押しすることになる。

　このように社会的な環境や背景の変化が、産業用ロボットの発展と強く関連づいていることは、改めて重要なポイントである。我々技術者の多くは、どうしても技術ばかりに目を向けがちであり、よい技術ができれば、すんなりと社会で使われると思ってしまう場合も多い。しかし実際には、よい技術であったとしても社会に求められた場合にのみ、社会に溶け込んでいくのである。経営者と技術者の協働が必要な理由がここにあるのだろう。

　さて話を戻そう。産業用ロボットの活躍のフィールドが自動車産業から電機産業などへと拡大する間に、産業用ロボットの技術も進化した。大きな流れとしては、動力は油圧から電動化へと進み、モータやギヤ、そして、コンピュータなどの要素部品の小型化が進み、産業用ロボットも小型化した。また、制御方法は、産業用ロボットの手先を点から点へと移動させる PTP（Point To Point）制御から、手先の移動経路を連続的に制御する CP（Continuous Path）制御も使われるようになった。CP 制御の実現によって、点で溶接するスポット溶接に加えて、線に沿って溶接するアーク溶接へと、ロボットによる溶接の種類も拡がった。

　産業用ロボットの構造の面では、「垂直多関節型」ロボット（図 13-3）が今でも主流である一方で、電子部品の組み立てなどで使いやすい「水平多関節型」ロボット（図 13-4）が開発された。水平多関節型ロボットは、水平方向に 3 つの回転軸を持ち、また、上下方向にスライド軸を持った構造である。水平方向に 3 つの回転軸があるために、水平方向のずれをある程度吸収しやすくなり、その一方で、上下方向はスライド軸により精度高く制御できるため、電子部品を基板の穴に差し込むといった作業に向いている。なお、この水平多関節型ロボットが日本で牧野洋氏（山梨大学教授（当時））によって発明された事実は知っておいてほしい。

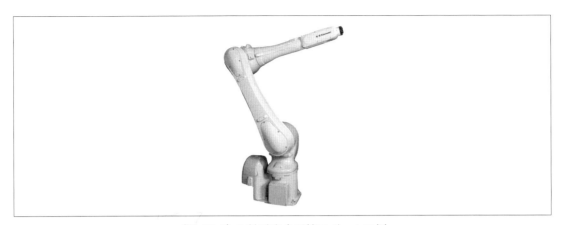

〔図 13-3〕6 軸垂直多関節ロボットの例
（川崎重工ホームページ https://www.khi.co.jp/pressrelease/detail/20210426_1.html より抜粋
（最終閲覧日：2022 年 6 月 20 日））

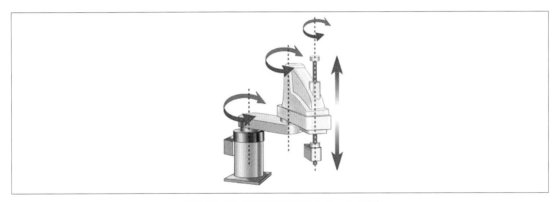

〔図 13-4〕水平多関節型ロボットの例
（安長電機株式会社ホームページ https://www.yasnaga.co.jp/techinfo/example/scara-robot/ より抜粋
（最終閲覧日：2022 年 6 月 20 日））

　1980 年は「ロボット普及元年」と呼ばれている。1980 年代は自動車産業だけではなく、様々な業種の工場で産業用ロボットが導入され、日本は産業用ロボットの導入と製造の両面で世界のトップ集団を走っていた。産業用ロボットの世界における稼働台数の推移をみても、1990年代までは日本が世界の稼働台数のほとんどを占めていたのである。2000 年代にはいると、産業用ロボットの世界での稼働台数は右肩上がりに増えていく一方で、日本での稼働台数は頭打ちとなる（図 13-5、横軸の右側が 2018 年であることに注意。2018 年以降も世界の稼働台数は増加傾向）。

　このような大きな流れの中で、ロボット産業を「産業用」ロボットから「サービス」ロボットも含んだ産業へ発展させようという試みがずいぶん前からされてきた。

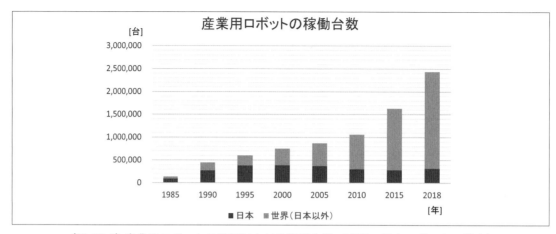

〔図 13-5〕産業用ロボットの世界における稼働台数（出所：日本ロボット工業会）

　新しい分野を開拓する場合に先頭に立つプレーヤーは「研究者」であろう。ロボットに魅力を感じた研究者は、早くから「産業用」ロボットではなく、例えば人型ロボット、4足ロボットなどに研究開発のフィールドを拡げていた。

　国としても、新たな産業の育成という大きな目的の下、1983 年にはロボットを本格的に研究課題としたプロジェクト（国プロ）を立ち上げた。これは、通商産業省（当時）による「極限作業ロボットプロジェクト」である。ロボットの活躍の場所を、工場だけではなく、人が行くことのできない場所（例えば原子力プラント内、海底などの極限環境）へと拡大し、そこで使えるロボットの開発を目的とした。1979 年に起きたスリーマイル島での原発事故もプロジェクトを立ち上げる契機となった。

　ただ残念なことに、このプロジェクトの成果をはじめに書いてしまうと、新しいロボット産業が定着する状況にはならなかった。もちろん、歩行技術、移動技術、遠隔操縦技術、点検技術などそれぞれの要素技術は進展した。しかし、開発されたロボットを継続的に使うようなサイクルには至らなかったのである。その理由の一つは互換性の問題である。例えば原発での点検ロボットの場合、それぞれの原発によって動作環境が大きく変わり、ある原発では使用できても他の原発での点検には使えない、という状況だったのである。つまり同じ性能のロボットで、汎用的に使えるまでには至らなかった。加えて、もちろん経済原理もからんでいる。かけたコストに対して、資金を回収できる程度に数がでないと、企業活動は続かない。ビジネスになる社会的な環境ではなかったのである。

　その一方で良い面に目を向けると、おそらく、「移動技術」と「テレイグジスタンス（遠隔臨場感）技術」は、このプロジェクトも一役買って発展したのではないだろうか？

　4足の歩行機械による移動は、「ロボットが歩く」というインパクトを我々に与え、2足歩行の研究開発も同時に活発化させた。そして、ホンダの「アシモ」（図 13-6）へとつながっていくのである。「アシモ」については、2022 年 3 月に、定期的な実演会が終了するというニュースがあったが、「新しいロボット産業」の姿を常に先頭で探してきたスターの一人だろう。

　「テレイグジスタンス技術」は、ロボットを遠隔地から動かし、そのロボットの中に自分が

いるかのような臨場感に関する技術であるが、今盛んな VR（Virtual Reality）、AR（Augmented Reality）技術に通じている。

　「アシモ」の話題が出たので「人型」ロボットに少し話題を移そう。人型ロボットで、社会に強いインパクトを与えたのは、1996 年に登場したホンダの「P2」（図 13-7）だろう。P2 はアシモにつながっていくホンダが開発した人型ロボットの一つである。この P2 が軽やかに（？）歩き回っている映像がネットに流れたのである。その映像やニュースを見て、「こんなに自由自在に歩けるのであれば、人型ロボットはすぐにでも我々の身近で活躍するようになるだろう」

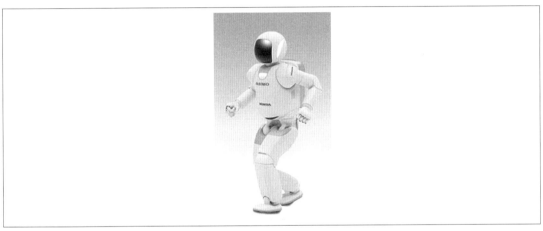

〔図 13-6〕アシモ
（ホンダホームページ https://www.honda.co.jp/ASIMO/history/asimo/index.html より抜粋
（最終閲覧日：2022 年 6 月 20 日））

〔図 13-7〕P2
（ホンダホームページ https://www.honda.co.jp/ASIMO/history/honda/index.html より抜粋
（最終閲覧日：2022 年 6 月 20 日））

と多くの人が思ったのである。

　実は、世界初の人型ロボットは 1973 年に早稲田大学で生まれている。加藤一郎氏（早稲田大学教授（当時））が開発した「WABOT-I」（図 13-8）である。手、足のほか、視覚や音声などのシステムが統合されていた。WABOT シリーズはその後も研究開発が続けられるが、大きな研究テーマの一つが二足歩行だった。人型ロボットが二足歩行をすることはとても難しかったのである。

　二足歩行するためには、倒れないようにバランスを取る姿勢制御をした上で、進みたい方向を考慮して足を踏みかえる歩容制御が必要になる。例えばバランスを取るためには、必要な部

〔図 13-8〕WABOT-I
一般社団法人日本ロボット学会の日本のロボット研究の歩み
（https://robogaku.jp/history/integration/I-1973-1.html より抜粋（最終閲覧日：2022 年 6 月 20 日））

〔図 13-9〕HRP-2
国立研究開発法人産業技術総合研究所ホームページ
（https://www.aist.go.jp/aist_j/news/au20170906.html より抜粋（最終閲覧日：2022 年 6 月 20 日））

〔図 13-10〕AIBO の初代モデル
ソニーホームページ（https://www.sony.com/ja/SonyInfo/CorporateInfo/History/sonyhistory-j.html
より抜粋（最終閲覧日：2022 年 6 月 20 日））

位の傾きを知覚し、その変化に応じて素早く姿勢を変えてバランスを取り直す必要がある。「複雑な処理を高速に行った上で素早く動かす」ためのコンピュータ、センサ、アクチュエータの能力が、当時はまだまだ非力だった。このような状況での P2 の登場だったために、研究者も驚いたのである。

　P2 の登場により、人型ロボットの研究ブームが起きた。2000 年前後から、人型ロボットを対象にした国プロが始まり、「HRP」（図 13-9）シリーズの誕生へとつながった。ソニーでも人型ロボットの開発が行われ、あるいは、ロボットブームの中で犬型ロボット AIBO（図 13-10）が生まれた。

　人型ロボットブームは、ホビー用途を含め、多くの小型の人型ロボットを生み出すという貢献もした。ただ、力強く社会をけん引するような「新しいロボット産業」とまでには至らなかった。いくつか理由は見あたるが、荒っぽく書けば以下の 2 つになるだろう。
・ロボットは統合技術であり、開発コストが大きい
・用途が不明確であり、いざ使おうとすると要求仕様に対して、性能が見合わない

13－2節　「新しいロボット産業」の実現に向けて
　「新しいロボット産業」の実現のためには、今述べた 2 つの課題を解決する必要がある。
　大きな開発コストを下げる方法は何であろうか？　ロボットは、ハードウェアを物理的存在とし、搭載されたソフトウェアで知的な処理を行い行動する。各要素が互いに統合されて、意味のある行動をする。例えば人は、目で見たり、手で触ったりして得た情報を統合して脳で考え、筋肉を動かして行動する。感覚器（センサ）、筋肉、骨など構成要素は多いが、それらを一つずつ開発するのでは、開発コストが非常に大きくなる。そのため、オープン化、モジュール化が大切となる。解決手段の一つが ROS（Robot Operating System）の誕生だった。今では ROS を活用したソフトウェアの共有・連携・再利用の枠組みが大きな流れとなっている。あるいは、googleの Cloud Robotics やアマゾンの AWS RoboMaker も同様な流れの中にあるだろう。共通したソフ

トウェアを使えるハードウェアも登場し、開発コストの問題を解決しつつあるのが現在である。

　用途や仕様に関する問題については、2010年頃までは「ロボット＝なんでもできる」という意識が、結局は何もできないロボットを生み出してしまう場合があった。今は、「ロボット＝なんでもできる」という夢から覚めて、「作業の全体像の中のどの部分をロボットに担ってほしいのか？」という、全体システムの中でのロボットの役割を明確に考えるようになりつつある。

　このような状況が現在であり、この大きな状況を把握した上で、本書で学んだSLAM技術を使い、新しいロボット産業を生み出してほしい。

　産業用ロボットから新しいロボット産業への変化という「うねり」の中で、大きな役割を果たすのが「移動」である。なぜなら、産業用ロボットは「固定」されており、「固定場所でのサービス」を提供していたのに対して、これからのロボットは「移動しながら」サービスを提供する。

　さあ、いよいよ本書の最後の締めくくりとしたい。

　「固定」されていた産業用ロボットの繰り返し精度は高い。つまり、例えばスポット溶接をするときに、次の部材に対しても同じ位置でスポット溶接を行う。それに対して、「移動しながら」サービスを行うロボットの繰り返し精度はどうであろうか？　本書で説明したSLAM技術もそうだが、地図の正確性や移動時の自己位置認識精度は、産業用ロボットの繰り返し精度と比較すると、おそらく2桁、あるいは3桁以上精度が悪くなる。

　この違いを認識することが大切であり、「移動ロボットの制御位置の誤差をどうやって吸収するのか？」がポイントになるだろう。例えば、何か「もの」を渡すときに、相手が人であれば、少しずれた場所でも相手が手を動かして取ってくれるだろう。あるいは、棚にある「もの」をつかむときに、柔軟な手でつかめば少しずれていてもつかめるだろう。このように、「移動するロボットの位置精度を考慮した」全体システムを構築できるかどうかが、結局は移動ロボットを活用したサービスの質を決定するポイントになる。

　「ロボット＝高精度、なんでもできる」という考え方から、「ロボットができることをそのロボットの仕様レベルで見定めた上で、他の機械や人と協力してロボットを活用する」という考え方への転換が、新しいロボット産業の創発につながる。

【参考文献】

[1]: 友納正裕，"SLAM入門：ロボットの自己位置推定と地図構築の技術"，オーム社, 2018.

[2]: 上田隆一，"詳解 確率ロボティクス Pythonによる基礎アルゴリズムの実装"，講談社, 2019.

[3]: K. Irie and M. Tomono, "A Compact and Portable Implementation of Graph-based SLAM", In Proc. of Robomech, 2P2-B01, 2017.

[4]: 上田隆一，"Raspberry Piで学ぶROSロボット入門"，日経BP, 2017.

索引

■ 著者紹介 ■

中嶋 秀朗（なかじま しゅうろう）

JR 東日本、千葉工業大学での勤務を経て、現在、和歌山大学教授。

専門分野は、ロボティクス、移動ロボット。

日本ロボット学会、日本機械学会、電気学会、日本技術士会などに所属。

論文賞（設計工学会）、電気学術振興賞（電気学会）、ゴットフリードワグネル賞（ドイツ・イノベーション・アワード）、やらまいか特別賞（スズキ財団）など受賞。

編集協力者：黒坂 真由子

●ISBN 978-4-910558-00-4

日本大学　内木場 文男　著

設計技術シリーズ

ロボットプログラミング
ROS2の実装・実践
—実用ロボットの開発—

定価3,520円（本体3,200円＋税）

発行／科学情報出版（株）

●ISBN 978-4-904774-98-4　　徳島大学　北 研二・西村 良太・松本 和幸　著

エンジニア入門シリーズ

—Pythonでゼロからはじめる—
AI・機械学習のためのデータ前処理
［入門編］

定価2,530円（本体2,300円＋税）

発行／科学情報出版 （株）

●ISBN 978-4-910558-01-1　　徳島大学 北 研二・松本 和幸・吉田 稔・
獅々堀 正幹・大野 将樹　著

設計技術シリーズ

―Pythonでデータサイエンス―
AI・機械学習のためのデータ前処理
［実践編］

定価2,640円（本体2,400円＋税）

発行／科学情報出版（株）

●ISBN 978-4-910558-03-5

日本大学　綱島 均
同志社大学　橋本 雅文　著
金沢大学　菅沼 直樹

設計技術シリーズ

カルマンフィルタの基礎と実装
―自動運転・移動ロボット・鉄道への実践まで―

定価4,620円（本体4,200円＋税）

発行／科学情報出版（株）

エンジニア入門シリーズ

ゼロからはじめるSLAM入門
—Pythonを使いロボット実機で実践！ROS活用まで—

2022年8月26日　初版発行

著　者	中嶋 秀朗	©2022

発行者	松塚　晃医
発行所	科学情報出版株式会社
	〒 300-2622　茨城県つくば市要443-14 研究学園
	電話　029-877-0022
	http://www.it-book.co.jp/

ISBN 978-4-910558-15-8　C3055
※転写・転載・電子化は厳禁